수빠맨

11 공룡을 재는 여러 단위

측정

글 마티아 크리벨리니 · 그림 아그네세 바루치

놀면서 즐겁게 배우는 수학?
할 수 있습니다. 반드시 해야 합니다!

아이들이 수학을 꾸준히 공부하려면, 어릴 때부터 즐겁게, 그리고 쉽게 배워야 합니다. 즐거움은 학습의 강력한 동기가 되며, 높은 성취감을 심어 주기 때문입니다. 하지만 막상 수학을 어떻게 재미있게 가르쳐야 할지 엄두가 나지 않지요. 그런 고민이 있는 부모님들을 위해, 즐겁게 수학을 배울 수 있는, 미치도록 재미있는 수학 교재 〈수빠맨〉을 준비했습니다.

수학에 빠진 전 세계 아이들이 맨 처음 선택한 기초 교재, 〈수빠맨〉은 재미있고 흥미진진한 이야기를 초등 수학의 네 가지 학습 영역으로 구성하여, 다채로운 수학 문제 풀이 활동을 할 수 있도록 했습니다. 여러 가지 수학 놀이 활동을 하는 동안, 초등 수학 전 과정에 걸쳐 핵심 개념을 습득할 수 있습니다.

이 책은 단원마다 짧은 이야기에서부터 시작합니다. 기발하면서도 재미난 상상이 가득한 이야기를 읽고 이야기와 긴밀하게 이어져 있는 수학 문제를 풀어 나가면서 수학 독해력을 기르는 훈련을 하게 되지요. 더 나아가 생활과 수학이 밀접하게 연관되어 있다는 것을 체득하며 수학에 대한 호기심과 흥미가 자연스럽게 생길 것입니다.

〈수빠맨〉은 수학 개념을 무작정 외우는 대신, 아이들 스스로 수학 개념을 익힐 수 있도록 설계했습니다. 책에 있는 여러 수학 활동들을 아이들 '스스로' 할 수 있도록 도와주세요. 스스로 문제를 해결해 가면서 수학에 대한 자신감을 기를 수 있을 테니까요.

• **기다려 주세요!**

　아이가 문제를 풀 때까지 시간이 오래 걸릴 수 있습니다. 또 책을 다 풀지 않고 중간에 덮어 버리거나, 어떤 문제는 건너뛸 수도 있습니다. 그것만으로 수학을 포기했다고 단정하지 마세요. 그저 아이를 믿고 기다려 주세요.

• **답을 알려 주는 대신, 질문을 하세요!**

　아이들이 어떻게 풀어야 하는지, 답이 무엇인지 모르겠다고 했을 때 바로 답을 알려 주지 마세요. 대신 질문을 통해 아이들을 정답으로 유도해 주세요. 문제를 다시 잘 읽어 보도록 독려하거나, 막힌 부분이 무엇인지 물어보고 아이 스스로 답을 찾아 나갈 수 있도록 도와주세요.

• **수학 문제 해결의 첫 단계는 이해라는 점을 잊지 마세요!**

　수학 공부를 막 접하는 초등 저학년일수록 문제만 읽고 무턱대고 계산하거나 문제 푸는 공식만 외지 않도록 주의해야 합니다. 대신 한 문제를 풀더라도 아이가 문제를 제대로 이해할 수 있도록 시간을 충분히 주세요. 또한 아이들이 수학 문제의 답을 잘 맞히는 것보다, 문제를 어떻게 풀었는지 설명하는 것을 습관화할 수 있게 도와주세요. 어떤 풀이 과정을 거쳐 답을 구했는지 아는 것이 가장 중요합니다.

• **생활에서 수학을 찾아보세요!**

　아이들이 생활 속에서 수를 발견하도록 도와주세요. 여러 활동을 하는 동안 수학이 언제, 어떻게 쓰이는지 물어보고 이야기해 주세요. 이 책을 읽고 난 뒤에는 생활에서 수학이 어떻게 적용되고 실현되는지 아이와 함께 찾아보세요.

초등학생을 위한 최고의 수학 학습서 <수빠맨>

우리가 늘 해 온, 익숙한 수학 공부는 어떤 형태일까요? 여러 가지 수학적 개념과 공식을 외우고 이해하는 것, 그리고 그 이해를 바탕으로 이런저런 문제를 푸는 것을 떠올릴 수 있습니다. 하지만 초등학생에게 그와 같은 학습 방법을 그대로 적용하는 게 반드시 옳지는 않습니다. 그러한 정통의 수학 학습법은 조금 나중에 한다고 하더라도 늦지 않습니다. 수학을 이제 막 시작하는 초등학생은 수학과 친숙해지는 방식으로 공부하는 것이 훨씬 더 중요합니다.

시중에는 연산 훈련을 하는 교재나 부모님과 아이가 함께 공부할 수 있는 수학 교재가 많이 있습니다. 처음 출판사에서 초등학생을 대상으로 수학책을 펴낸다고 들었을 때 기존에 있는 다른 책들과 무엇이 다를까 궁금했습니다. 그리고 이 책을 살펴보고 나니 확신할 수 있었습니다. <수빠맨>은 아주 특별한 책이라는 것을 말입니다. 이 책은 조금만 살펴보아도 어떻게 전 세계 어린이들의 마음을 사로잡았는지 알 수 있습니다. 아이들의 시선을 끄는 캐릭터와 함께 다양한 환경에서 일어나는 재미있는 이야기들로 가득 차 있는 책이거든요.

<수빠맨>은 평범하고 시시한 수학 학습서가 아닙니다. 등장하는 캐릭터와 이들이 끌어가는 이야기가 재미있기도 하지만 무엇보다도 수학적인 내용이 알찹니다. 수와 연산, 도형과 측정, 규칙과 추론 등 초등학교 수학 교육 과정에 등장하는 필수적인 내용이 충실하게 담겨 있습니다. 아이들은 이 책을 펼쳐 여러 가지 수학 활동을 하는 동안 자연스러운 사고 흐름에 따라 마치 게임을 하듯 공부할 수 있습니다. 높은 수준의 집중력을 발휘하지 않더라도 퀴즈를 풀고, 도형과 전개도를 오리고, 스티커를 붙이면서 수학적 개념을 이해하고 문제를 해결할 수 있도록 구성되어 있습니다.

이 책은 단원마다 짧은 이야기에서부터 시작합니다. 기발하면서도 재미난 상상이 가득한 이야기를 읽고 이야기와 긴밀하게 이어진 수학 문제를 풀어 나가면서 수학 독해력을 기르는 훈련을 할 수 있습니다. 여러 가지 이야기들을 통해 수학이 생활과 밀접하게 연관되어 있다는 것을 체득하며 수학에 호기심과 흥미가 자연스럽게 생길 수 있도록 돕습니다.

초등학교 때에는 수학을 꼭 남들보다 더 잘할 필요는 없습니다. 수학과 친해지고 수학에 대한 자신감을 가지는 것이 수학 문제를 잘 푸는 것보다 더 중요합니다. 학습 진도를 정규 과정보다 많이 앞서 나가지 않아도 됩니다. 호기심과 집중력을 가지고 공부하기만 하면 수학은 아주 재미있는 공부라는 것, 열심히 하면 나도 수학을 잘할 수 있다는 것을 느끼게 해 주면 됩니다. 수학에 흥미와 자신감이 있으면 때때로 너무 어려운 문제가 나오더라도 쉽게 포기하지 않고 문제를 스스로 해결하기 위해 부딪히고 애쓸 힘이 생깁니다.

그런 의미에서 〈수빠맨〉은 초등학생들을 위한 최고의 수학 학습서 중 하나라고 확신합니다. 아이 스스로, 또는 부모와 함께 〈수빠맨〉으로 재미있게 수학 공부를 하다 보면 저절로 수학과 친해질 것입니다.

송용진
(수학자, 인하대학교 명예 교수)

한국을 대표하는 위상수학자입니다. 서울대학교 수학과를 졸업하고 미국 오하이오주립대에서 박사학위를 받았습니다. 오랫동안 영재교육과 수학올림피아드에 대한 일을 해 왔으며 지금은 국제수학올림피아드 선출직 위원(IMO BOARD MEMBER)으로 활동하고 있습니다. 쓴 책으로 《수학은 우주로 흐른다》, 《영재의 법칙》, 《수학자가 들려주는 진짜 논리 이야기》 등이 있습니다.

수바맨 11 학습 주제

측정

89

측정은 사물의 모양이나 성질을 수로 나타내는 것입니다.
어느 것이 긴지, 무거운지, 넓은지, 뜨거운지를 표현하는 거예요.
측정할 때는 기준이 되는 '단위'가 있어야 해요.
이번 학습에서는 길이, 넓이, 무게, 들이, 온도 등
여러 단위에 대한 측정 기본 개념을 이해하고,
측정 단위로 나타낸 수 계산도 해 봐요.

120

공룡 친구들

공룡 친구들을 소개할게요.
공룡 친구들은 '크기'라는 게 궁금해서 타임머신을 타고 여기로 온 거예요.
여러분이 공룡 친구들에게 수학을 아주 쉽고 재미있게 설명해 주세요.

공룡 친구들은 아직 아기라서 작지만, 몇 년 뒤면 인간들의 말대로 '크게' 자랄 거예요.
어떤 공룡은 이 3층짜리 아파트만큼 커질 수도 있어요.

스테고의 길이는 9m쯤 돼요.
버스랑 길이가 비슷하군요.

길이뿐 아니라 시간, 온도, 무게, 크기, 그리고 부피까지 잴 방법이 있어요.
공룡 친구들에게도 이런 측정법에 대해 알려 주자고요.

프테라는 길이와 넓이를 배웁니다.

스테고는 들이를 배울 거예요.

브라키는 무게를 배웁니다.

렉스는 온도를 배워요.

케라는 시간을 배워요.

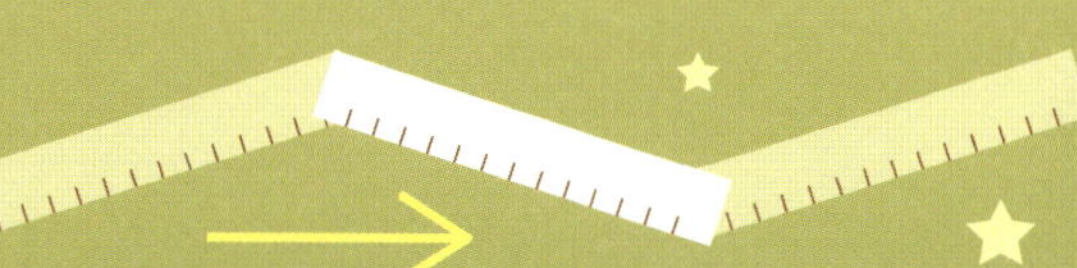

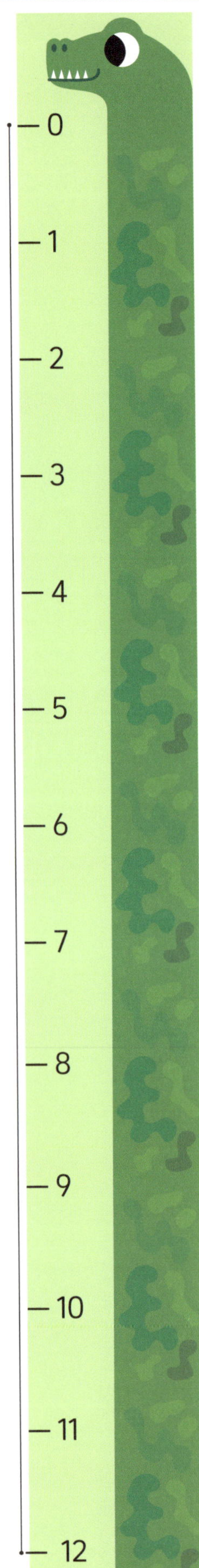

길이

공룡의 세계에서는 길이를 잴 때 브라키오사우루스의 목을 이용해요.
브라키오사우루스의 목은 아주아주 길거든요.
왼쪽에 공룡 나라에서 사용하는 '공룡자'가 보이나요?
길이를 재는 도구예요.
브라키오사우루스의 머리 길이만큼을 1공룡미터라고 하는데 긴 목을
12공룡미터까지 표시한 거예요.

공룡자 만드는 법

1. 공룡자를 만들 두꺼운 종이 5장과 공룡자를 연결할 핀 4개를 준비해요.
2. 책 뒤의 공룡자 스티커를 떼서 두꺼운 종이에 붙이고, 스티커를 따라 잘라 주세요. (자를 때 손 조심하세요!)
3. 스티커 위의 빨간 점에 구멍을 내고, 고정핀으로 두 개를 연결합니다.
4. 숫자가 순서대로 이어지도록 주의하면서 1부터 50공룡미터까지 표기된 공룡자를 만들어 봐요.

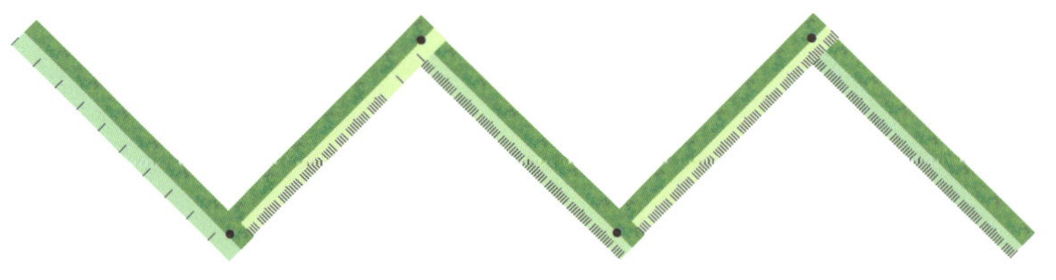

자, 이제 공룡자가 만들어졌나요?
공룡자는 접었다 폈다 할 수 있어서 갖고 다니기에 편리할 거예요.
평소에 길이가 궁금했던 게 있다면 공룡자로 재어 보는 건 어떨까요?

공룡자로 여러분 집 안에 있는 물건의 길이를
재어 보아요.

(1) 방문의 폭은 몇 공룡미터인가요?

(2) 식탁의 길이는 몇 공룡미터인가요?

(3) 창문의 길이는 몇 공룡미터인가요?

(4) 침대의 높이는 몇 공룡미터인가요?

다른 물건의 길이도 재어 보세요!

공룡 정원

여기는 공룡 정원이에요. 이 정원에서 11공룡미터
보다 조금 더 긴 나무를 찾아서 동그라미 하세요.

길이 재는 법

인간은 옛날부터 손발을 써서 길이를 측정했답니다. 엄지손가락부터 새끼손가락까지의 길이인 뼘, 엄지손가락의 너비 길이인 인치, 팔꿈치부터 가운뎃손가락 끝까지의 길이인 큐빗, 발의 길이인 피트 등의 단위가 있지요.

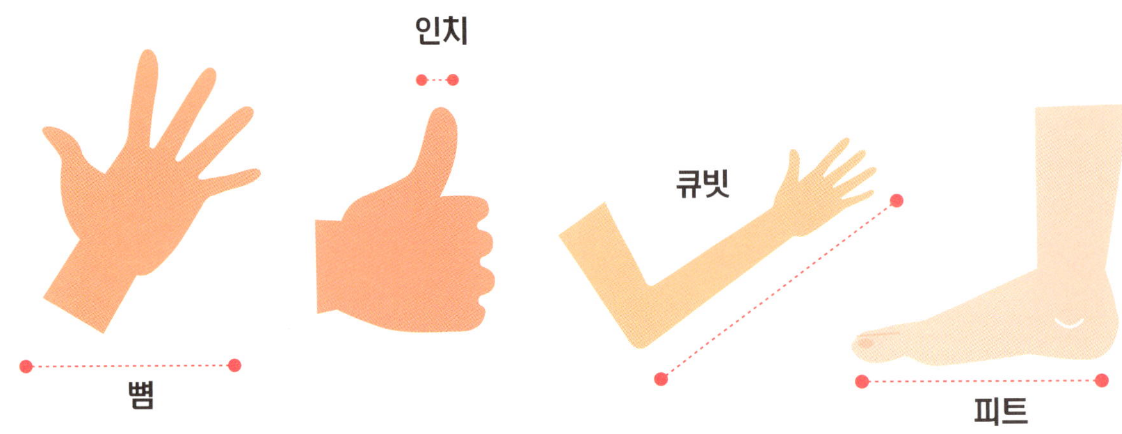

하지만 이 단위는 아주 정확하지는 않아요. 그래서 지금은 세계가 표준으로 만들어 놓은 미터법을 주로 사용해요. 미터법은 미터(m)를 길이, 리터(L)를 부피, 그램(g)을 무게의 기본 단위량으로 하며 전 세계 사람들이 사용하고 있답니다.

미터에 10을 여러 번 곱하거나 나눠서 더 자세한 단위도 만들었어요. 그래서 더 긴 길이와 더 짧은 길이를 측정할 수 있게 되었지요.
지금부터 새로운 단위를 익혀 봅시다. 아래 단서를 보고 숫자에 해당하는 글자를 찾아 적어 보세요.

단서

누	미	밀	티	말	센	로	터	새	킬	리	모
1	2	3	4	5	6	7	8	9	10	11	12

(1) 1미터(m)를 100조각으로 똑같이 나눈 길이 단위는 무엇일까요?

$$\frac{}{6} \quad \frac{}{4} \quad \frac{}{2} \quad \frac{}{8} \quad \rightarrow 1cm$$

(2) 1미터(m)를 1000조각으로 똑같이 나눈 길이 단위는 무엇일까요?

$$\frac{}{3} \quad \frac{}{11} \quad \frac{}{2} \quad \frac{}{8} \quad \rightarrow 1mm$$

(3) 1미터(m)를 1000배 한 길이 단위는 무엇일까요?

$$\frac{}{10} \quad \frac{}{7} \quad \frac{}{2} \quad \frac{}{8} \quad \rightarrow 1km$$

기호를 숫자로 바꿔 봐!

인간 세상엔 정말 신기한 물건이 많아요!
그래서 프테라가 여러 단위를 사용해서 물건의 길이를 측정해 봤어요.
프테라가 그림 기호로 나타낸 것들을 숫자로 바꿔 줄래요?

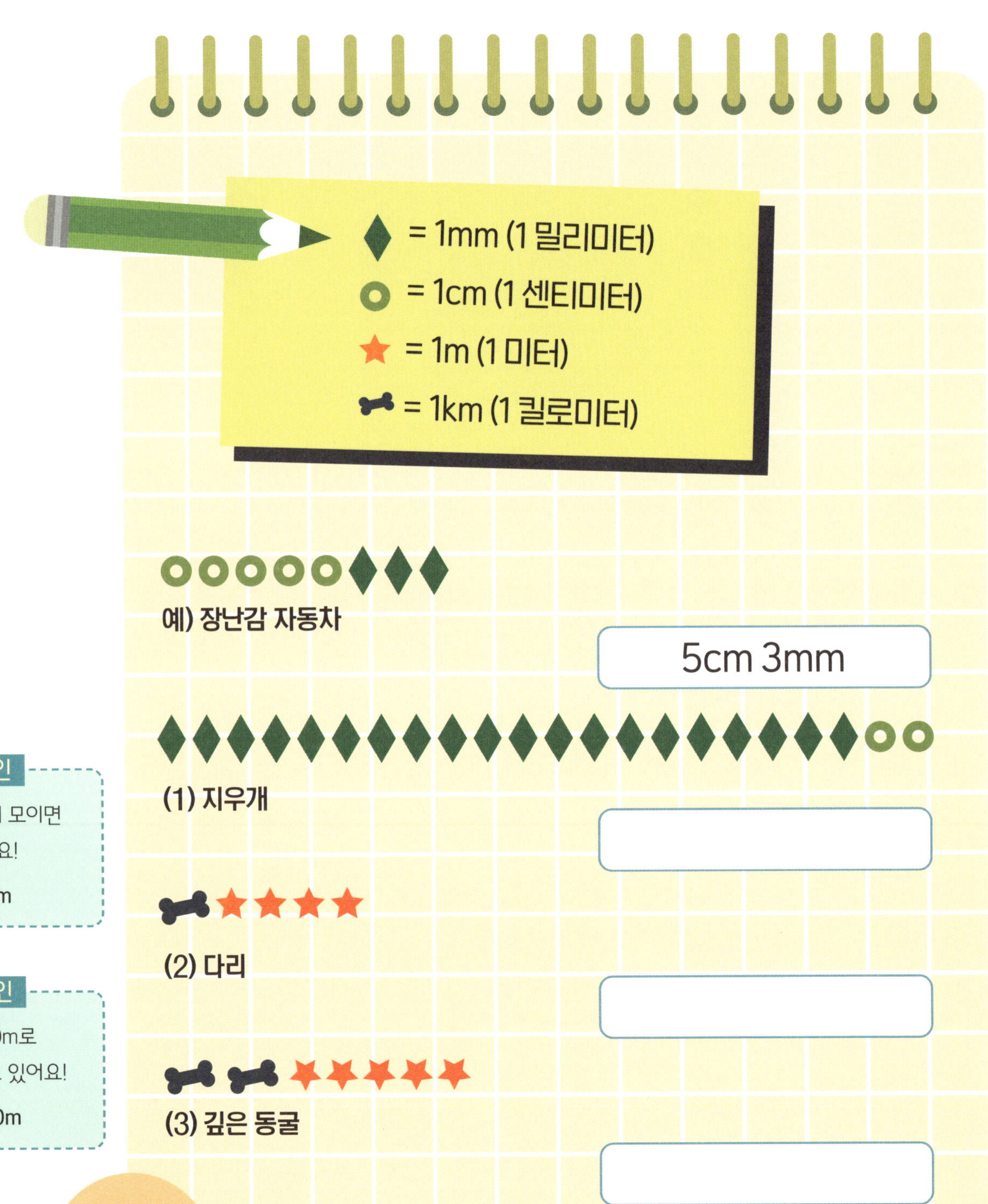

개념 확인

1mm가 10개 모이면
1cm와 같아요!

10mm = 1cm

개념 확인

1km는 1000m로
나타낼 수도 있어요!

1km = 1000m

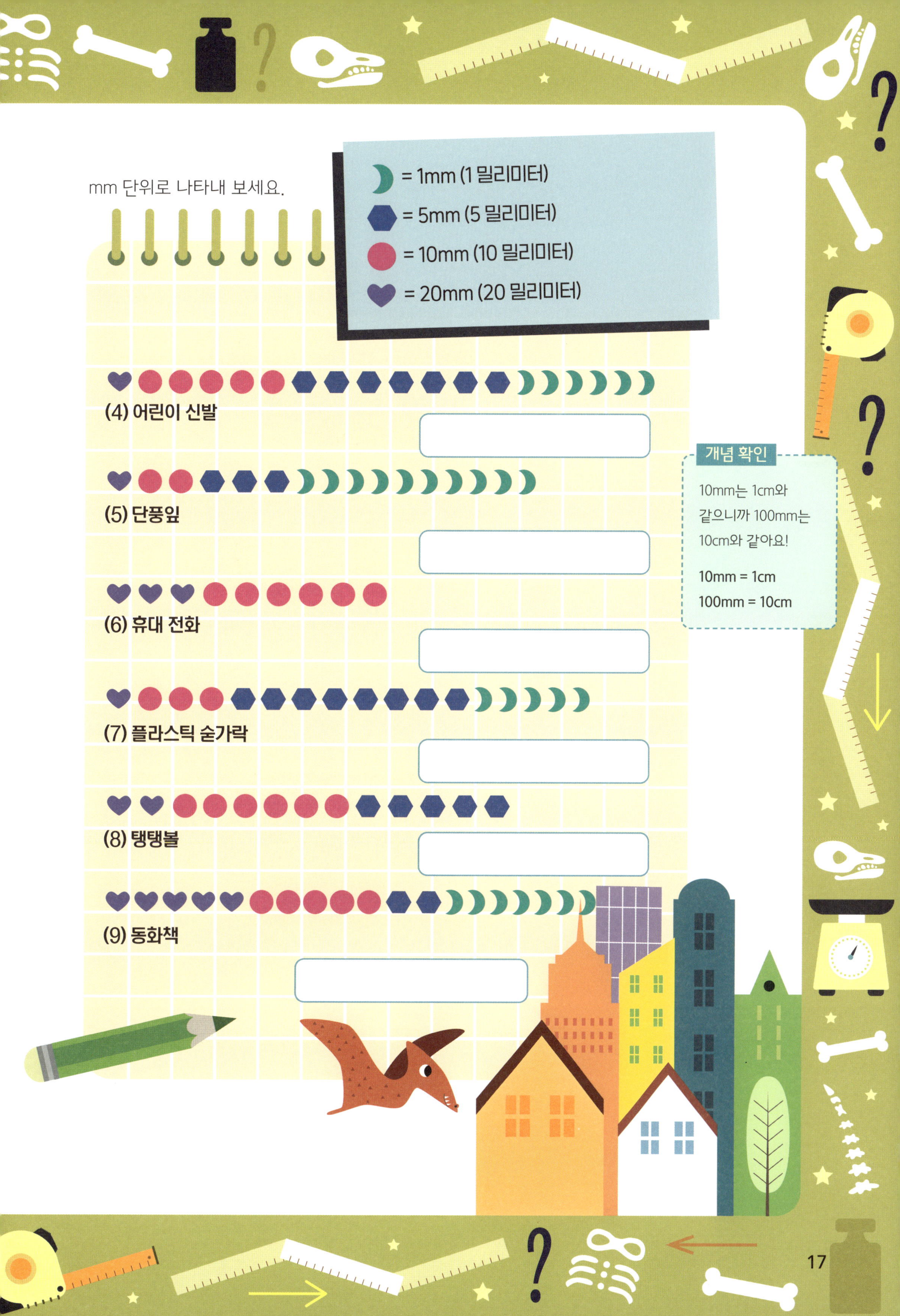

mm 단위로 나타내 보세요.

(4) 어린이 신발

(5) 단풍잎

(6) 휴대 전화

(7) 플라스틱 숟가락

(8) 탱탱볼

(9) 동화책

도시 탐험

스테고와 케라가 도시를 구경하고 있어요.
그들이 걸어 다닌 거리는 얼마나 될까요?

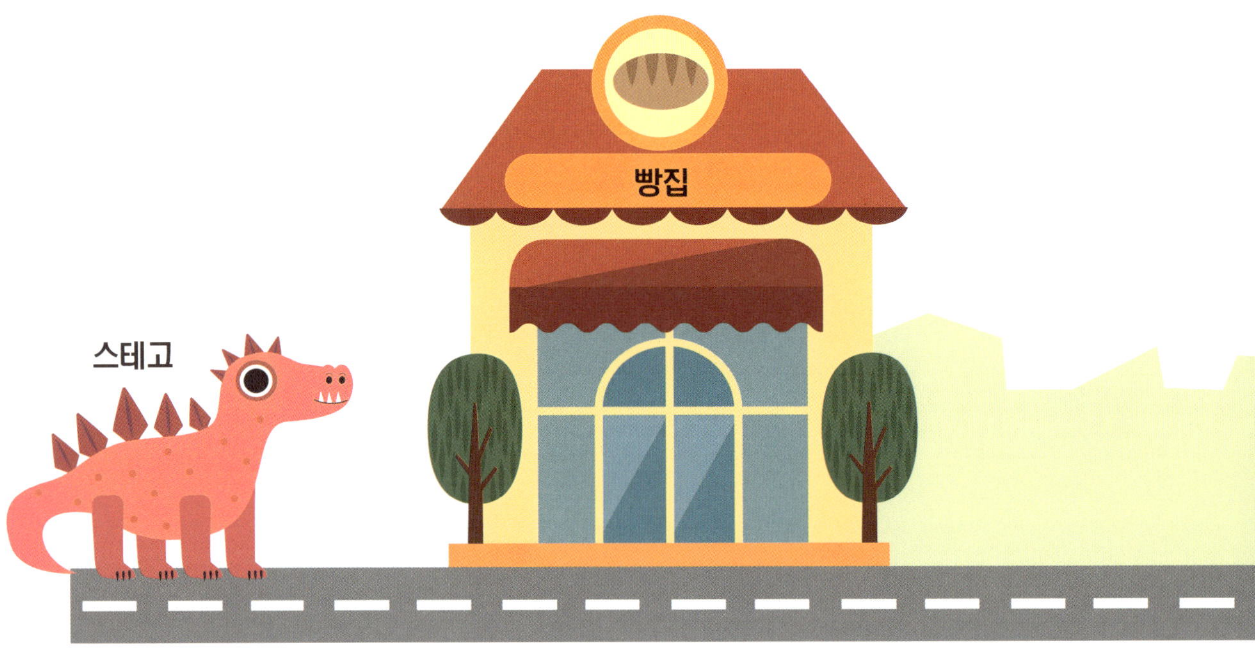

(1) 스테고는 빵집에서 100m 떨어져 있고, 과일 가게는 빵집에서 400m 거리에 있어요.
지금 스테고가 과일 가게까지 가려면 몇 미터를 걸어야 할까요? ___________________

(2) 케라는 아이스크림 가게까지 50m 떨어져 있고, 아이스크림 가게에서 제과점까지
150m 떨어져 있어요. 또 케라는 꽃집까지 320m 떨어져 있어요.

케라가 아이스크림과 갓 구운 빵을 모두 먹고 싶다면 몇 m를 걸어야 할까요?

제과점에서 꽃집까지의 거리는 몇 m일까요?

길을 알려 줘!

프테라는 지금 렉스에게 길을 알려 주기 위해 마을 위를 날고 있어요.
프테라의 지시를 따라 렉스의 목적지가 어디인지 알아보고, 목적지에 ○ 표시하세요.

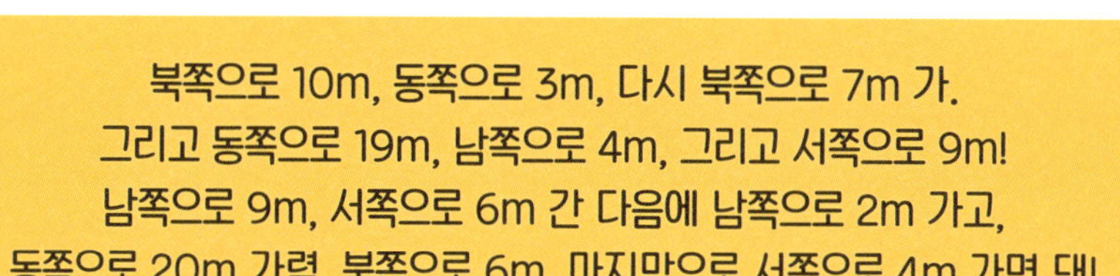

북쪽으로 10m, 동쪽으로 3m, 다시 북쪽으로 7m 가.
그리고 동쪽으로 19m, 남쪽으로 4m, 그리고 서쪽으로 9m!
남쪽으로 9m, 서쪽으로 6m 간 다음에 남쪽으로 2m 가고,
동쪽으로 20m 가렴. 북쪽으로 6m, 마지막으로 서쪽으로 4m 가면 돼!

서커스
슈퍼마켓
도서관
놀이동산
은행
경찰서
동쪽

넓이

프테라가 건물들의 넓이를 모눈종이에 표시했어요.
이걸 보며 건물 넓이를 알아봐요.

모눈 16칸만큼의 넓이를 가진 건물은 모두 몇 채일까요?
모눈 4칸만큼의 넓이를 가진 건물은 모두 몇 채일까요?

16칸: _______________________   4칸: _______________________

펜토미노 놀이

프테라가 좋아하는 펜토미노 퍼즐입니다.
펜토미노는 정사각형 5개를 이어 붙여 만든 도형이에요.
아래와 같이 모두 12가지 모양이 있어요.

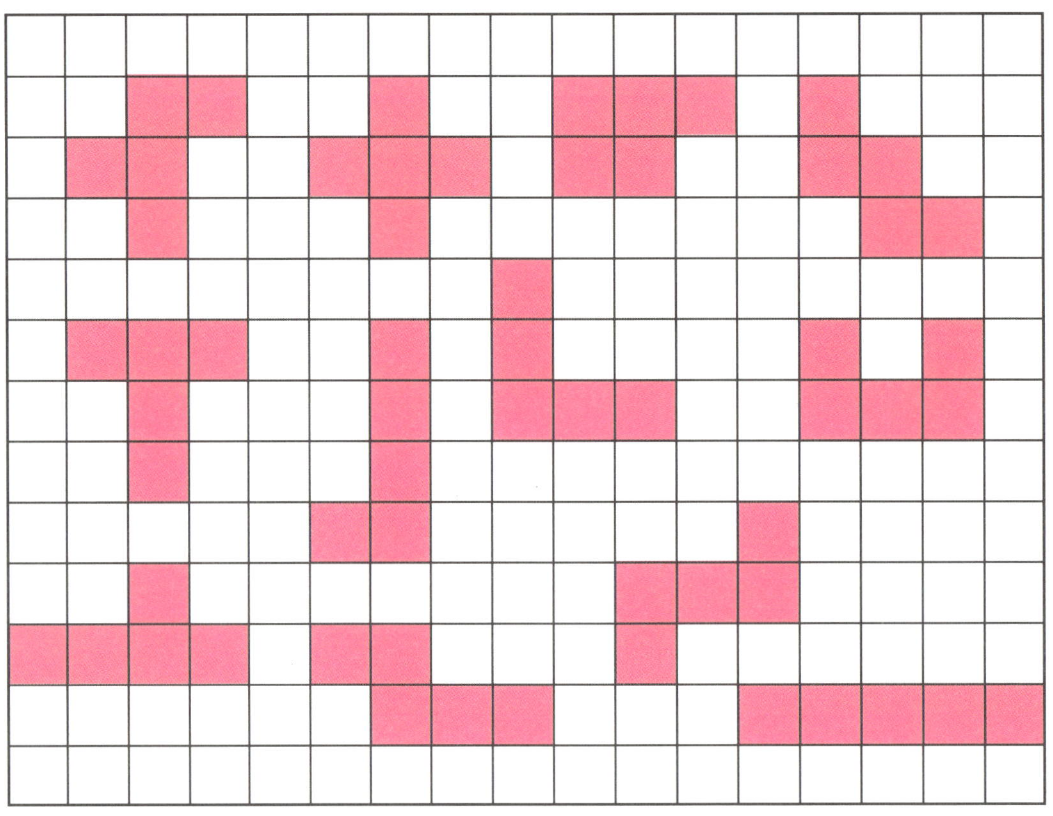

(1) 왼쪽의 펜토미노 4개를 이용하여 오른쪽 모눈을 모두 채워 보세요.
    연필을 사용하여 그려도 됩니다.

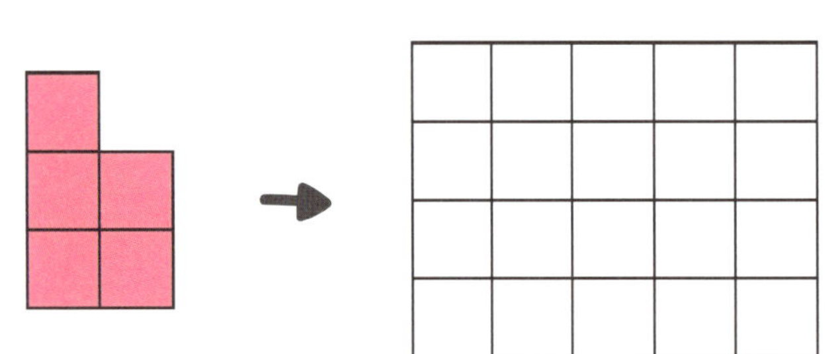

(2) 왼쪽의 펜토미노 4개를 이용하여 오른쪽 모눈을 모두 채워 보세요.
연필을 사용하여 그려도 됩니다.

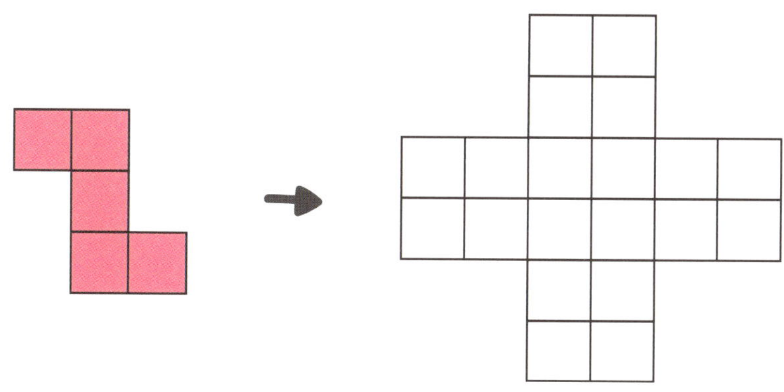

(3) 이번에는 아래 직사각형에 펜토미노 12개를 모두 빈틈없이 채워 넣을 수 있을까요?
물론 펜토미노끼리 겹치는 부분도 없어야겠지요!

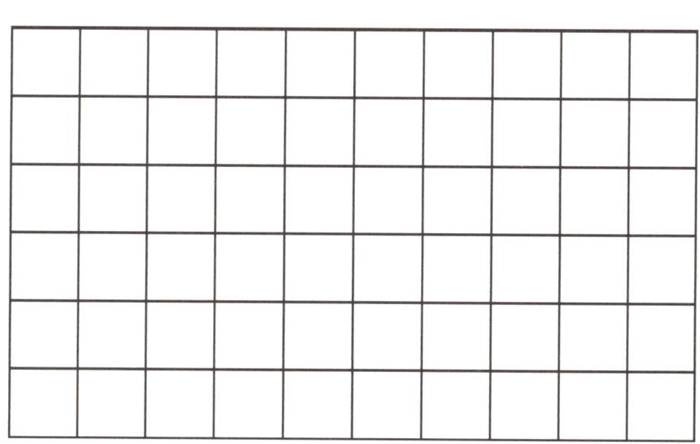

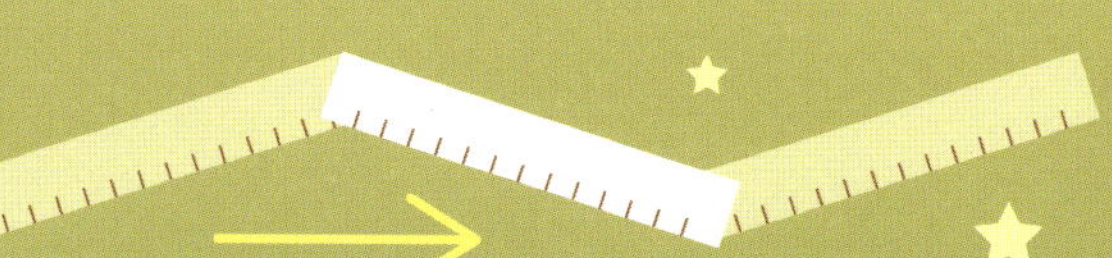

(1)

펜토미노를 사용해 신기한 모양을 만들 수 있습니다. 여러분들도 펜토미노 12개를 모두 사용하여 아래 모양을 만들어 보고 어떤 동물인지 맞혀 봐요.

____

(2)

____

(3)

____

(4)

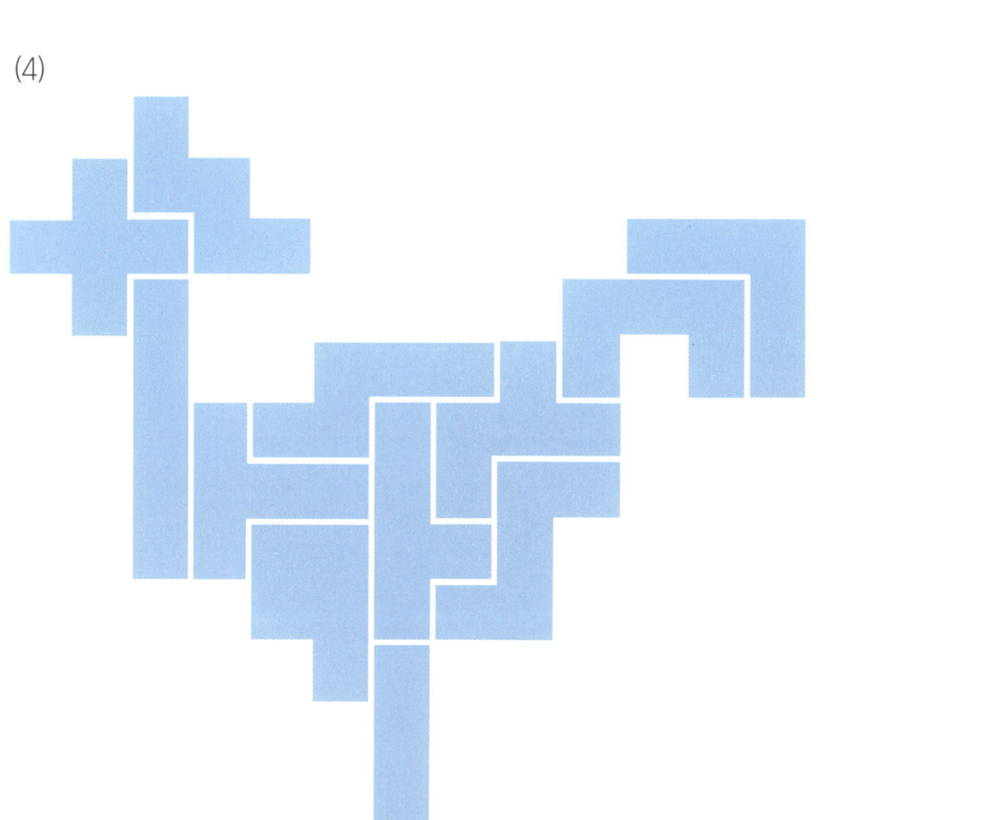

____

무게

'공룡그램'은 공룡들이 무게를 재는 단위입니다.
'공룡 중 누가 가장 무거운가?'에 대해서는 항상 공룡들의 자존심을 건 뜨거운 논쟁이 있어 왔어요. 아래의 세 가지 보기를 참고해서, 공룡들을 무거운 순서대로 나열해 주세요.
책 뒤의 공룡 스티커를 알맞은 자리에 붙이면 됩니다.

보기

1. 프테라는 스테고보다 더 가볍습니다.
2. 렉스는 브라키보다는 더 가볍지만, 스테고보다는 더 무겁습니다.
3. 케라는 스테고보다 더 무겁지만, 렉스보다는 더 가볍습니다.

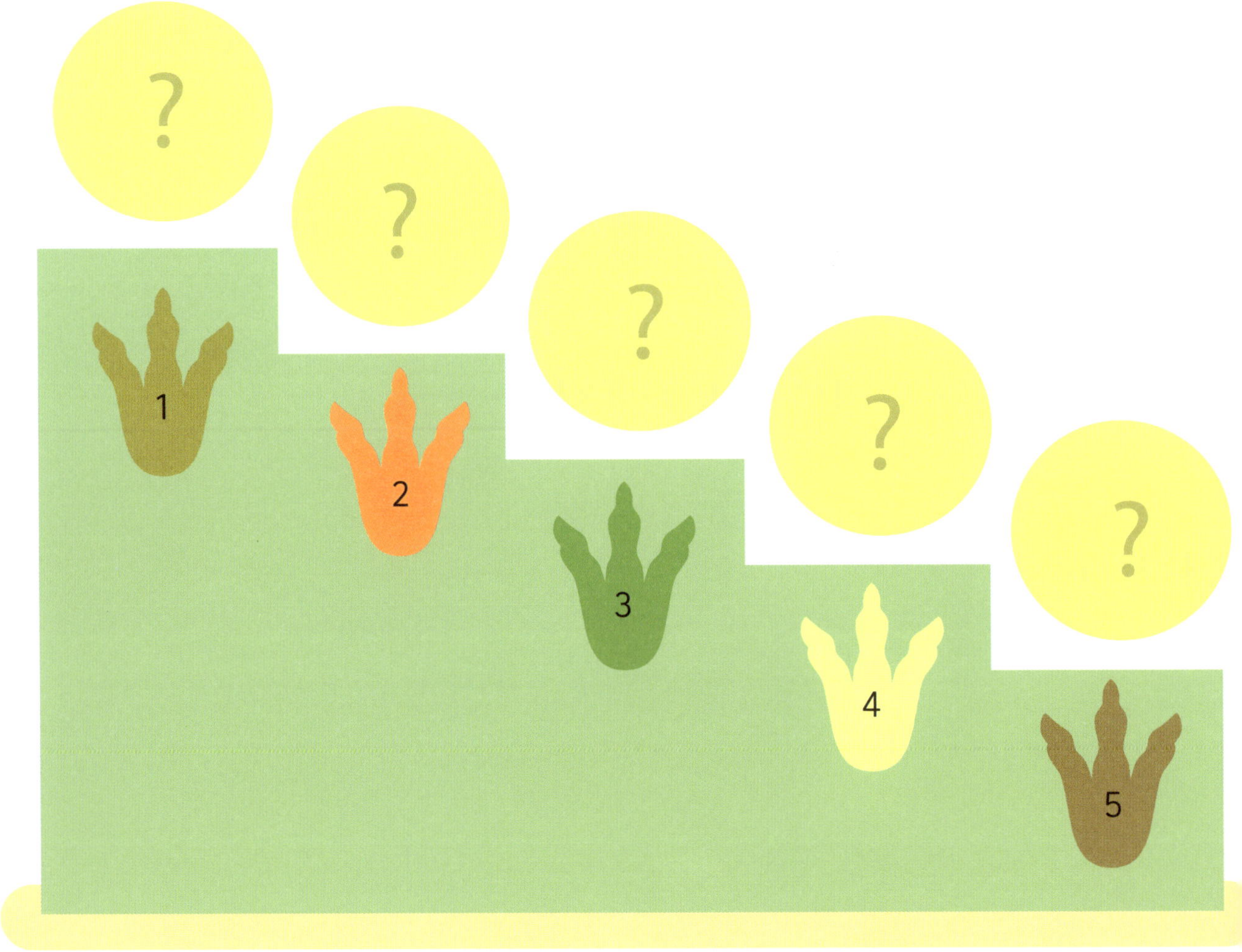

그런데 주의할 점이 있습니다.

물체를 이루고 있는 모든 물질의 양을 질량이라고 하고, 지구 중력이 물체를 끌어당기는 힘을 무게라고 해요. 즉, 무게는 물체의 질량에 작용하는 중력의 크기예요.

그래서 질량은 항상 일정하지만, 무게는 중력이 작용하는 장소에 따라 달라진답니다.

같은 질량의 물체라도 중력이 달라지면 무게가 달라질 수 있다는 뜻이에요.

우리가 만약 달에 간다면, 달의 중력은 지구의 $\frac{1}{6}$이기 때문에 무게도 지구의 $\frac{1}{6}$로 줄어들어요. 하지만 질량은 당연히 그대로예요.

인간들은 무게를 잴 때 미터법에 따라 g(그램)을 사용합니다.

길이를 잴 때와 마찬가지로 더 큰 무게와 더 작은 무게를 나타내기 위해 만든 단위가 있어요.

mg(밀리그램)	g(그램)	kg(킬로그램), 1t(톤)
1g을 1000등분하여 나눈 무게를 1mg이라고 합니다. 1mg이 1000개 모이면 1g과 같아요. 1000mg = 1g	1g	* 1g을 1000배 한 무게를 1kg이라고 합니다. 1g이 1000개 모이면 1kg과 같아요. 1000g = 1kg * 1kg을 1000배 한 무게를 1t이라고 합니다. 1kg이 1000개 모이면 1t과 같아요. 1000kg = 1t

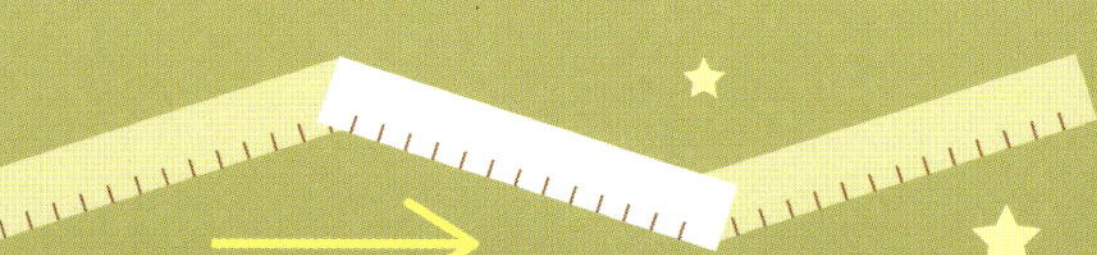

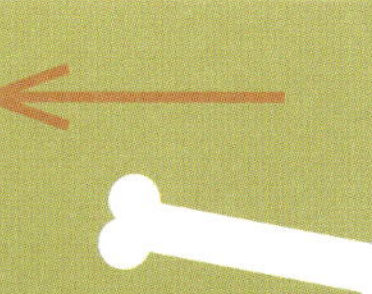

무게를 어림해 봐!

정말 가벼운 무게를 잴 때는 mg(밀리그램)을 사용해요.
물체 아래에 적힌 무게를 보면서, 이 물체가 무엇인지 알아보아요.
책 뒤의 스티커를 알맞은 자리에 붙여서
물체의 정체를 밝혀 주세요.

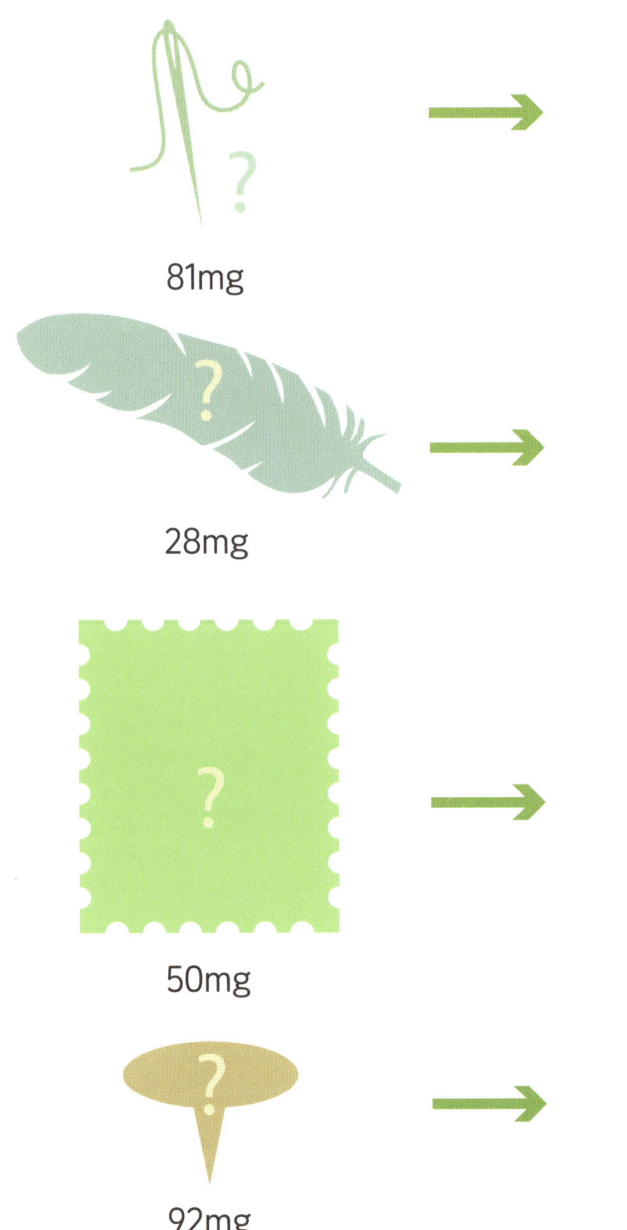

81mg

28mg

50mg

92mg

공룡 친구들이 도시를 돌아다니면서 본 물건들의 무게입니다.
가장 가벼운 물건부터 시작해서 가장 무거운 물건까지 순서대로 선으로 이어 주세요.
단, 선이 서로 만나지 않도록 그려 주세요.

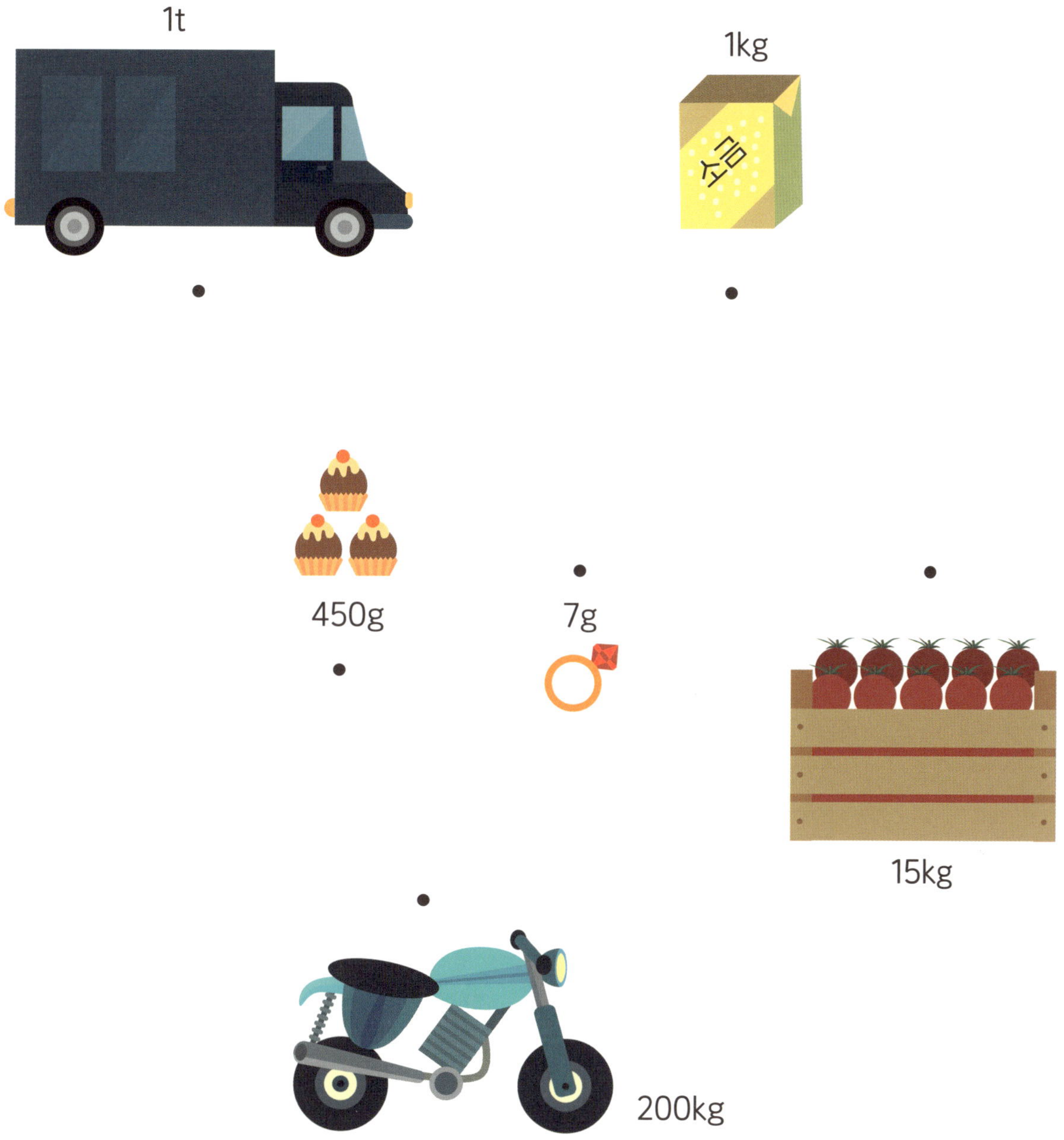

1t

1kg

450g

7g

15kg

200kg

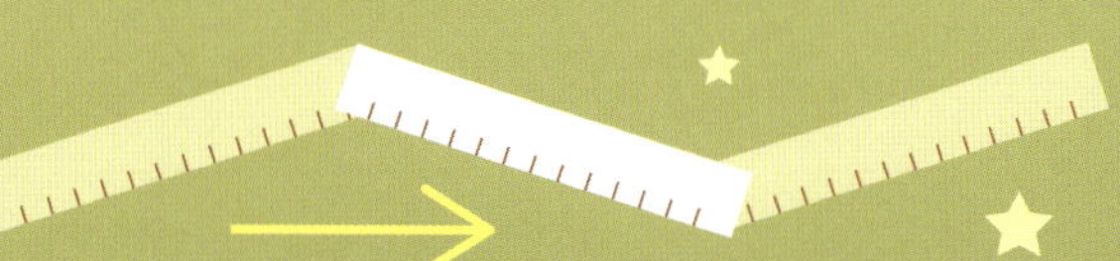

무게를 재어 볼까?

"나는 브라키오사우루스 브라키! 도시에 먹을 게 없을까 봐 걱정했는데, 다행히 아주 신선한 과일과 채소를 파는 가게를 찾았어. 사장님이 엄청나게 큰 바구니에 채소와 과일을 가득 담아 주셨는데, 양팔 저울로 무게를 재야 해."

본문 뒤에 1kg짜리 추 스티커가 13개, 100g짜리 추 스티커가 9개 있어요. 아래 보기를 참고해서 저울 위에 추 스티커를 붙이고, 배 바구니의 무게가 얼마인지 알아보세요.

보기

· 저울이 수평을 이루면 바구니의 무게를 알 수 있어요.
· 세 바구니의 무게를 더한 값과 추 스티커 무게를 더한 값이 같아요.

"인간들이 먹는 케이크가 너무 맛있어 보여서 나도 만들어 보려고 해. 케이크를 만들 때 필요한 단위도 공부하고 있어! 요리할 때는 숟가락이나 컵처럼 요리 도구를 활용해서 만든 단위를 쓴다며? 1큰술, 1작은술과 1컵이 대표적이래."

아래 조건을 활용해서 재료의 양을 g(그램)으로 나타내어 보세요.

조건

- 1작은술은 4g(그램)과 같습니다.　　1작은술=4g
- 1큰술은 12g(그램)과 같습니다.　　1큰술=12g
- 1컵은 16작은술과 같습니다.　　1컵=16작은술

초간단 케이크 만들기!

설탕 1컵	→	＿＿＿＿＿＿ g
버터 8작은술	→	＿＿＿＿＿＿ g
계란 2개		
바닐라 오일 2작은술	→	＿＿＿＿＿＿ g
밀가루 1컵 반	→	＿＿＿＿＿＿ g
베이킹파우더 1작은술	→	＿＿＿＿＿＿ g
우유 3큰술	→	＿＿＿＿＿＿ g

1. 오븐을 180도로 예열해요.

2. 케이크 판에 버터를 발라요.

3. 달걀을 하나씩 깨서 풀고, 바닐라 오일을 넣어서 잘 섞어요.

4. 달걀 물에 밀가루와 베이킹파우더를 넣어서 케이크 반죽을 만들어요.

5. 케이크 반죽에 찰기가 생길 때까지 우유를 넣어요.

6. 케이크 반죽을 케이크 판에 부은 뒤 오븐에서 30분 동안 구워요.

들이

스테고는 지금 엄청 목이 마른 상태랍니다. 원래 매일 5공룡리터의 물을 마시곤 했는데,
오늘은 아직 물을 한 모금도 못 마셨다는군요!
1공룡리터가 2컵의 물과 같을 때,
스테고가 마셔야 하는 물은 모두 몇 컵일까요?

개념 확인
'들이'란 주전자나 물병
같은 그릇 안쪽 공간의
크기를 나타내요.

들이의 단위

통이나 그릇에 담긴 것을 잴 때는 'L(리터)'라는 들이 단위를 써요.
물론 길이와 무게처럼 더 작은 단위와 더 큰 단위가 있어요.

작은 단위	큰 단위
dL 데시리터 (10dL = 1L) mL 밀리리터 (1000mL = 1L)	kL 킬로리터 (1000L = 1kL)

책 뒤의 스티커를 떼서, 들이 단위에 알맞은 그릇을 찾아 붙여 주세요.

아래 조건을 보고 질문에 답해 주세요.

조건

2공룡컵 = 1공룡팩
2공룡팩 = 1공룡병 = 1L
4공룡병 = 1공룡통

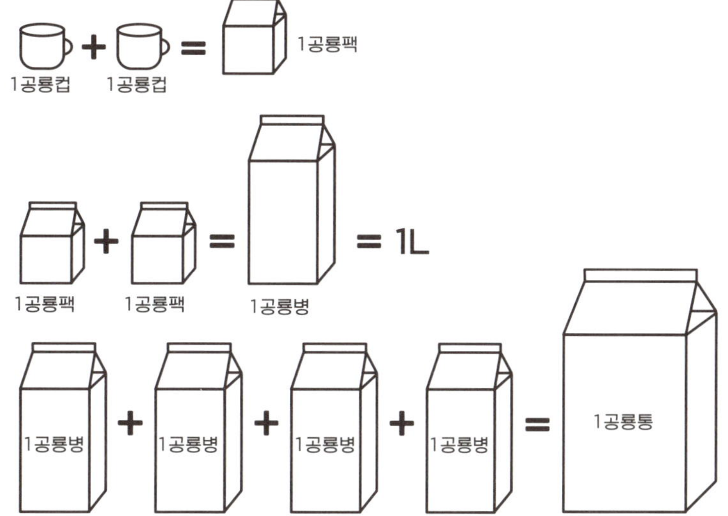

(1) 12공룡컵은 몇 L일까요?   ....

(2) 8공룡팩은 몇 L일까요?   ....

(3) 4공룡통은 몇 L일까요?   ....

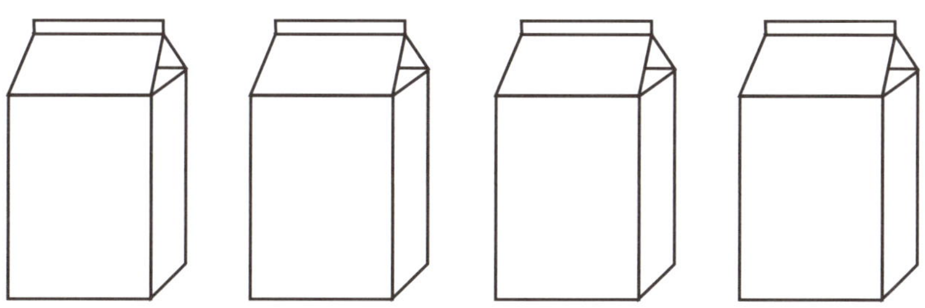

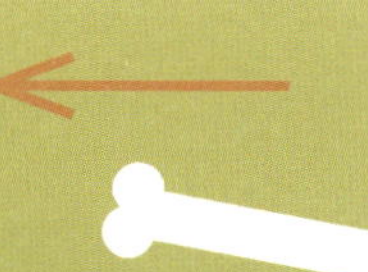

시간

케라가 시간을 측정하는 도구를 찾았어요.
공룡들은 항상 미세한 순간도 측정해 보고 싶어 하지요.
왜냐하면 공룡들은 수백만 년을 계산하는 것에만 익숙하지,
인간들처럼 세세한 시간 단위를 알지는 못하거든요.
케라를 도와서 오른쪽의 단위를 가장 잘 측정할 수 있는 시계를 찾아
선으로 이어 주세요.

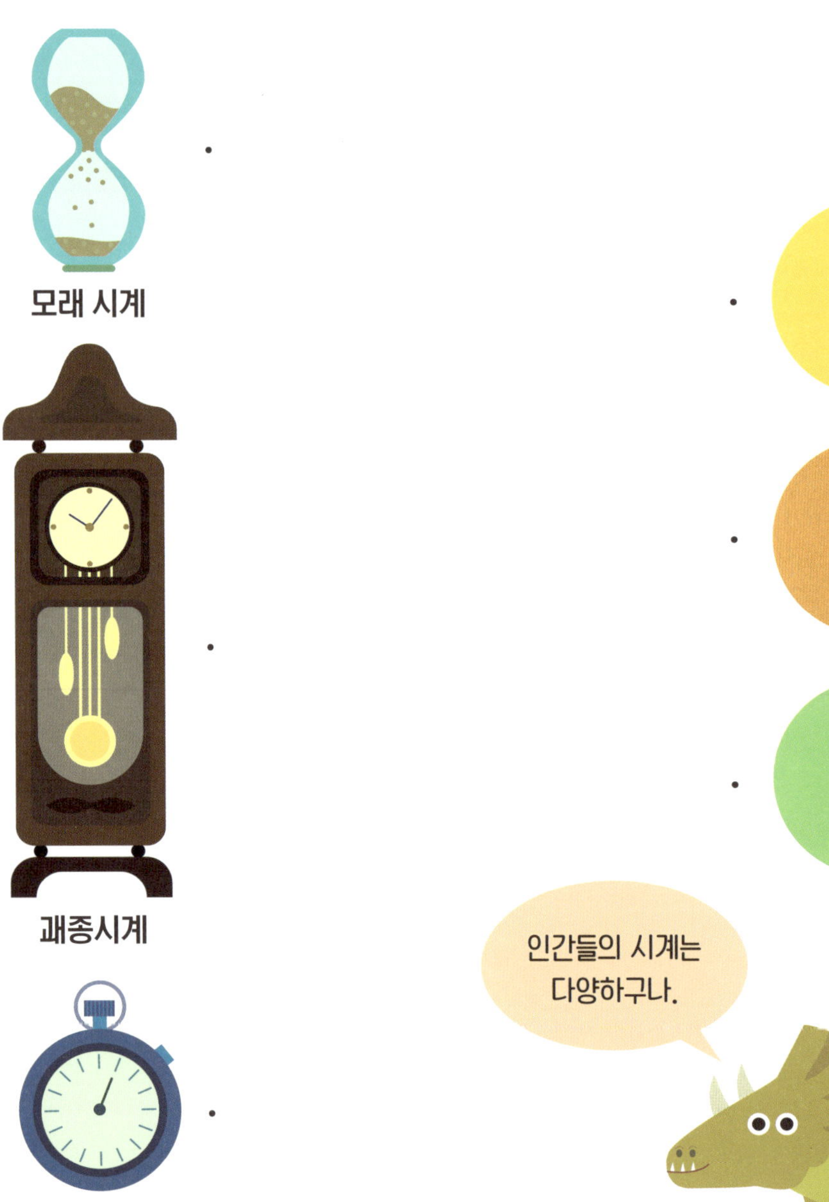

시간의 단위

60초 = 1분

60분 = 1시간

24시간 = 1일

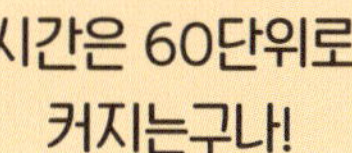

초

1	2	3	4	5	6	7	8	9	10
11	12	13	14	15	16	17	18	19	20
21	22	23	24	25	26	27	28	29	30
31	32	33	34	35	36	37	38	39	40
41	42	43	44	45	46	47	48	49	50
51	52	53	54	55	56	57	58	59	60

1일보다 큰 단위

7일 = 1주일

28(29)/30/31일 = 1달

12달 = 1 년 = 365일

(4년마다 오는 윤년에 따라 2월이 29일인 해는 1년이 366일입니다.)

분

1	2	3	4	5	6	7	8	9	10
11	12	13	14	15	16	17	18	19	20
21	22	23	24	25	26	27	28	29	30
31	32	33	34	35	36	37	38	39	40
41	42	43	44	45	46	47	48	49	50
51	52	53	54	55	56	57	58	59	60

시간

1	2	3	4	5	6
7	8	9	10	11	12
13	14	15	16	17	18
19	20	21	22	23	24

1년보다 큰 단위

100년 = 1 세기

1000년 = 1 밀레니엄

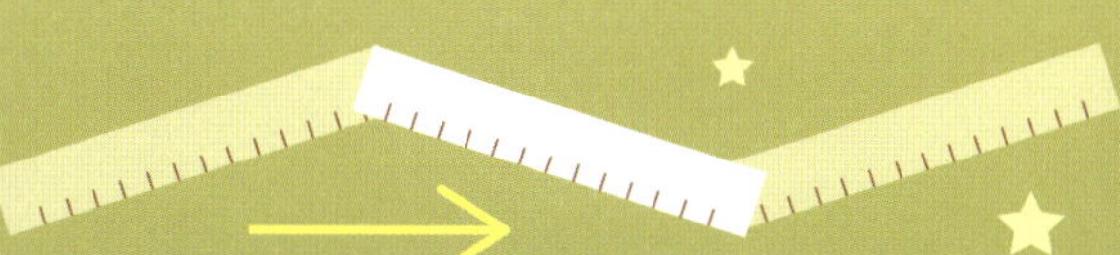

시계 읽는 법

시간을 측정하는 도구인 시계가 여기 모여 있어요!
시계에서 짧은 바늘은 '시간'을, 긴 바늘은 '분'을 나타내요.
긴 바늘이 시계를 한 바퀴 돌 때(60분), 짧은 바늘은 숫자 한 칸만큼(1시간) 움직입니다.
시계가 몇 시 몇 분을 가리키는지 구해 보세요.

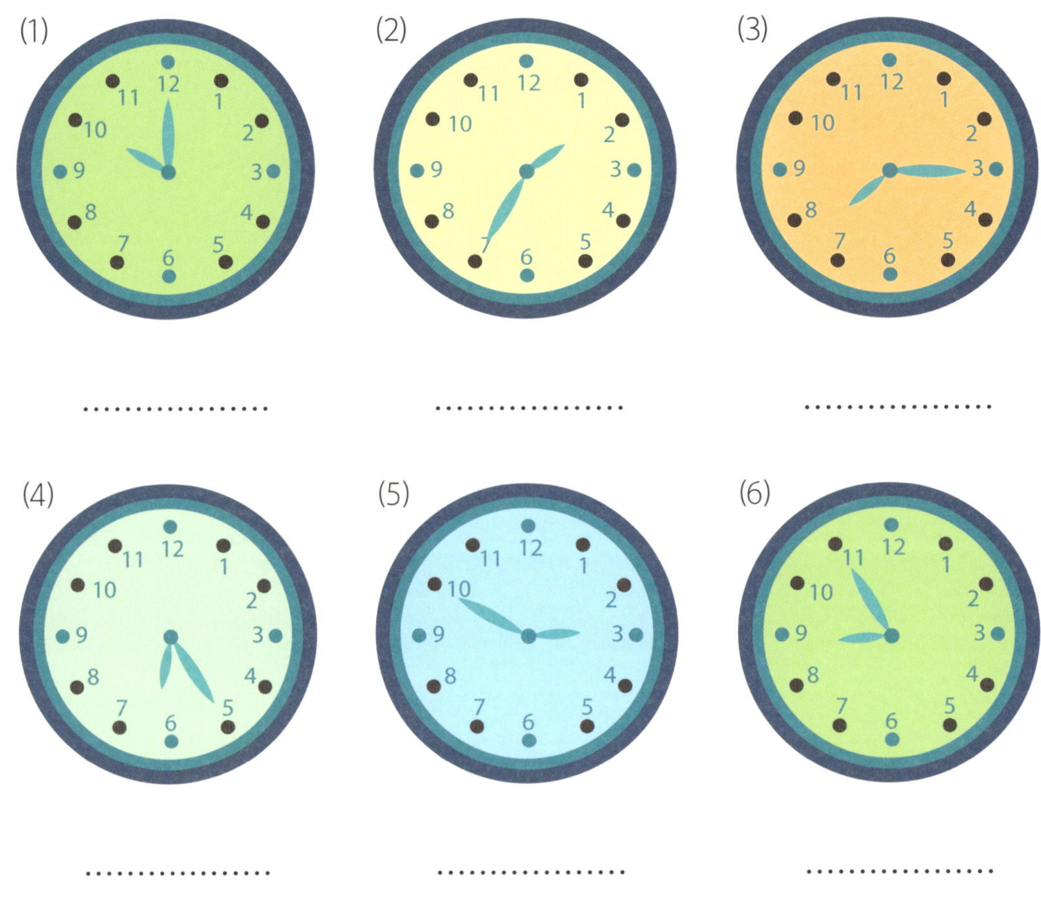

시각에 맞게 시곗바늘을 바르게 그려 주세요.

왼쪽 손목시계와 디지털시계가 나타내는 시각이 같도록 책 뒤의
디지털시계 스티커를 찾아 알맞은 자리에 붙여 주세요. 긴 바늘이
숫자 1, 2, 3··· 을 가리키면 5분, 10분, 15분··· 을 나타낸답니다.

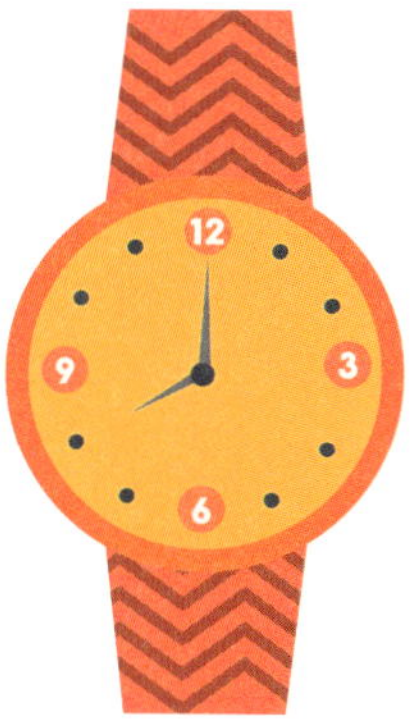

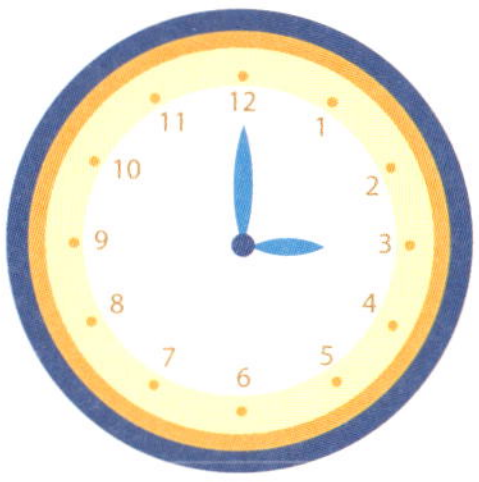

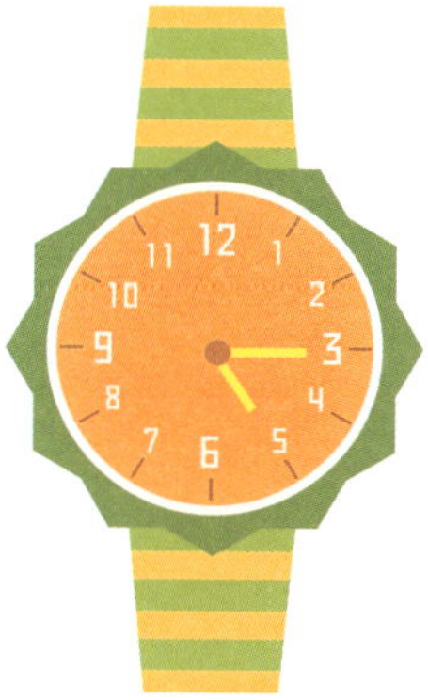

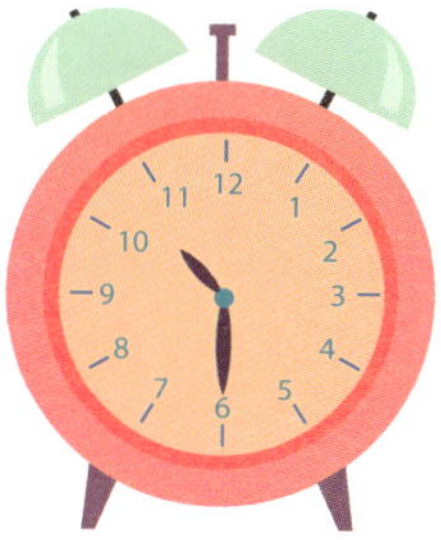

시간 알아보기

시계를 읽을 수 있게 되었나요? 그럼, 시간이 얼마큼 흐르면
몇 시 몇 분이 되는지 좀 더 자세히 알아보아요.
먼저 시계가 가리키는 시각을 빈 곳에 쓰고,
질문에 답해 보세요.

시각:

(1) 시계가 가리키는 시각은
8시 45분에서 몇 분이
지났나요?

....

시각:

(2) 시계가 가리키는 시각은
3시 15분에서 몇 시간이
지났나요?

....

시각:

(3) 시계가 가리키는 시각은
5시 15분에서 몇 시간 몇 분이
지났나요?

....

시계가 가리키는 시각을 쓰고, 시간이 지난 뒤 몇 시 몇 분인지 스티커를 찾아 붙이세요.

(4) 지금은 몇 시 몇 분인가요? ....

15분 후에는
몇 시 몇 분이 될까요?

(5) 지금은 몇 시 몇 분인가요? ....

6시간 뒤에는
몇 시 몇 분이 될까요?

(6) 지금은 몇 시 몇 분인가요? ....

10시간 30분이 지나면
몇 시 몇 분이 될까요?

온도

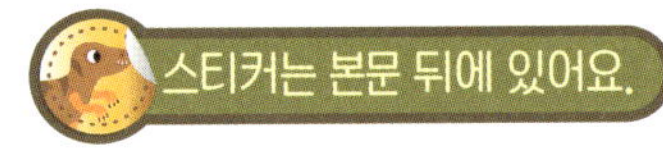

온도는 기본적으로 '도'라는 단위로 말합니다.

온도는 두 가지 방법으로 표현하는데, 하나는 스웨덴의 과학자 안데르센 셀시우스의 성을 따서 섭씨(Celsius, ℃)온도, 다른 하나는 독일의 물리학자 다니엘 가브리엘 파렌하이트의 성을 따서 화씨(Fahrenheit, ℉)온도라고 합니다. 우리나라에서 많이 쓰는 것은 섭씨온도랍니다.

그럼 화씨온도를 섭씨온도로 바꾸는 방법을 알아볼까요?

> 화씨온도(℉)에서 32를 빼고 9로 나눈 후에 5를 곱하면 섭씨온도(℃)가 됩니다.
>
> $$(℉ - 32) ÷ 9 × 5 = ℃$$

예로 화씨온도 86℉는

$$86 - 32 = 54 → 54 ÷ 9 = 6 → 6 × 5 = 30$$

이므로 섭씨온도 30℃가 됩니다.

이번에는 거꾸로 섭씨온도를 화씨온도로 바꿔 볼까요?

> 섭씨온도(℃)를 5로 나누고 9를 곱한 후에 32를 더하면 화씨온도(℉)가 됩니다.
>
> $$℃ ÷ 5 × 9 + 32 = ℉$$

아래 섭씨온도를 화씨온도로 바꾸어 보고 알맞은 온도계 스티커를 붙이세요.

25℃

80℃

5℃

"렉스! 조심해요! 인간들의 부엌에는 뜨거운 게 많단 말이에요."
온도가 모두 화씨온도로 적혀 있어요. 섭씨온도로 몇 도(℃)가 되는지
빈칸에 써넣으세요.

아기 공룡배 측정 경진 대회

이제까지 공룡 친구들이 측정에 대해 열심히 공부했는데, 과연 누가 가장 많이 알고 있을까요?

그래서 아기 공룡배 측정 경진 대회에서 정정당당하게 겨뤄 보기로 했답니다.

첫 번째 경기는 비행 거리 측정하기입니다.

프테라가 아래의 거리만큼을 비행했다면, 프테라가 비행한 거리는 모두 몇 m(미터)일까요?

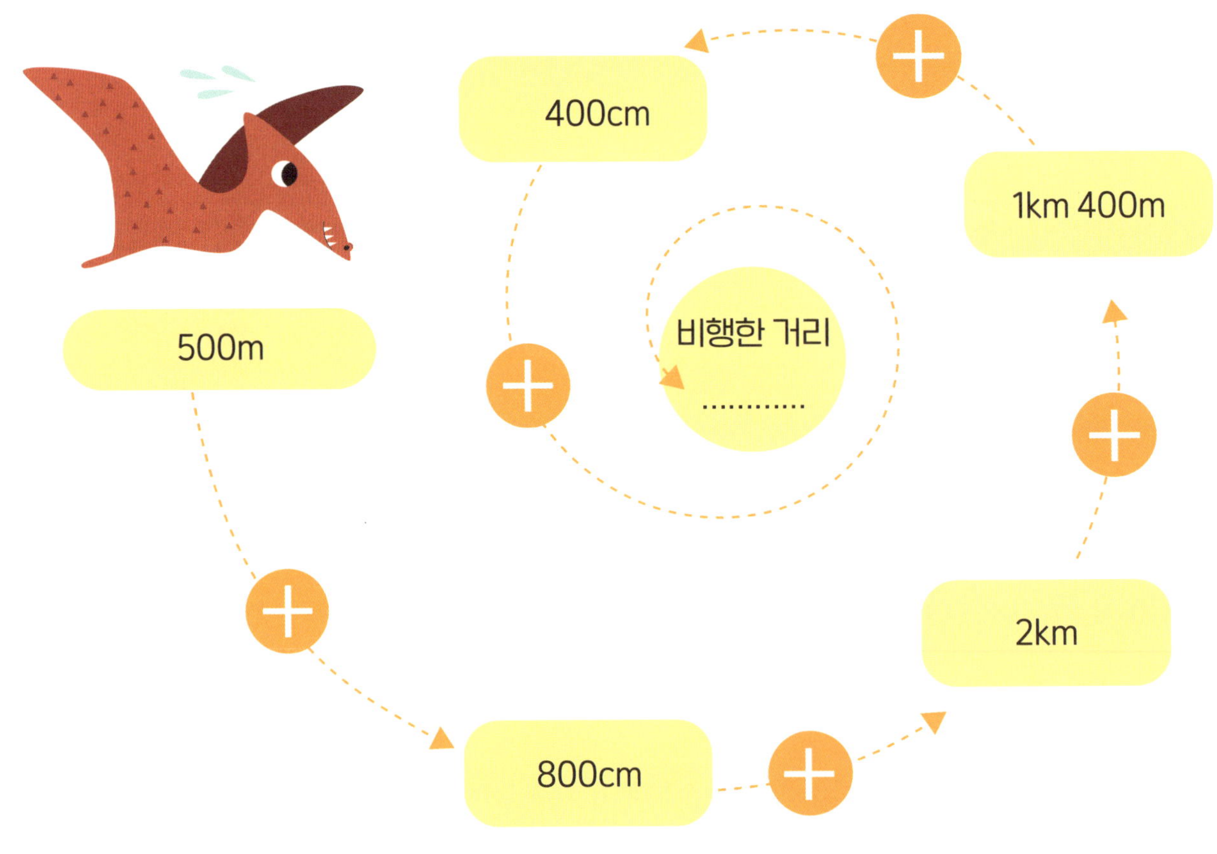

공룡들끼리 이어달리기를 했어요. 모두 똑같은 거리를 달렸지만,
걸린 시간은 다 달라요!
각자가 편한 방법대로 걸린 시간을 나타냈는데,
이어달리기하는 데 걸린 시간은 모두 몇 초일까요?

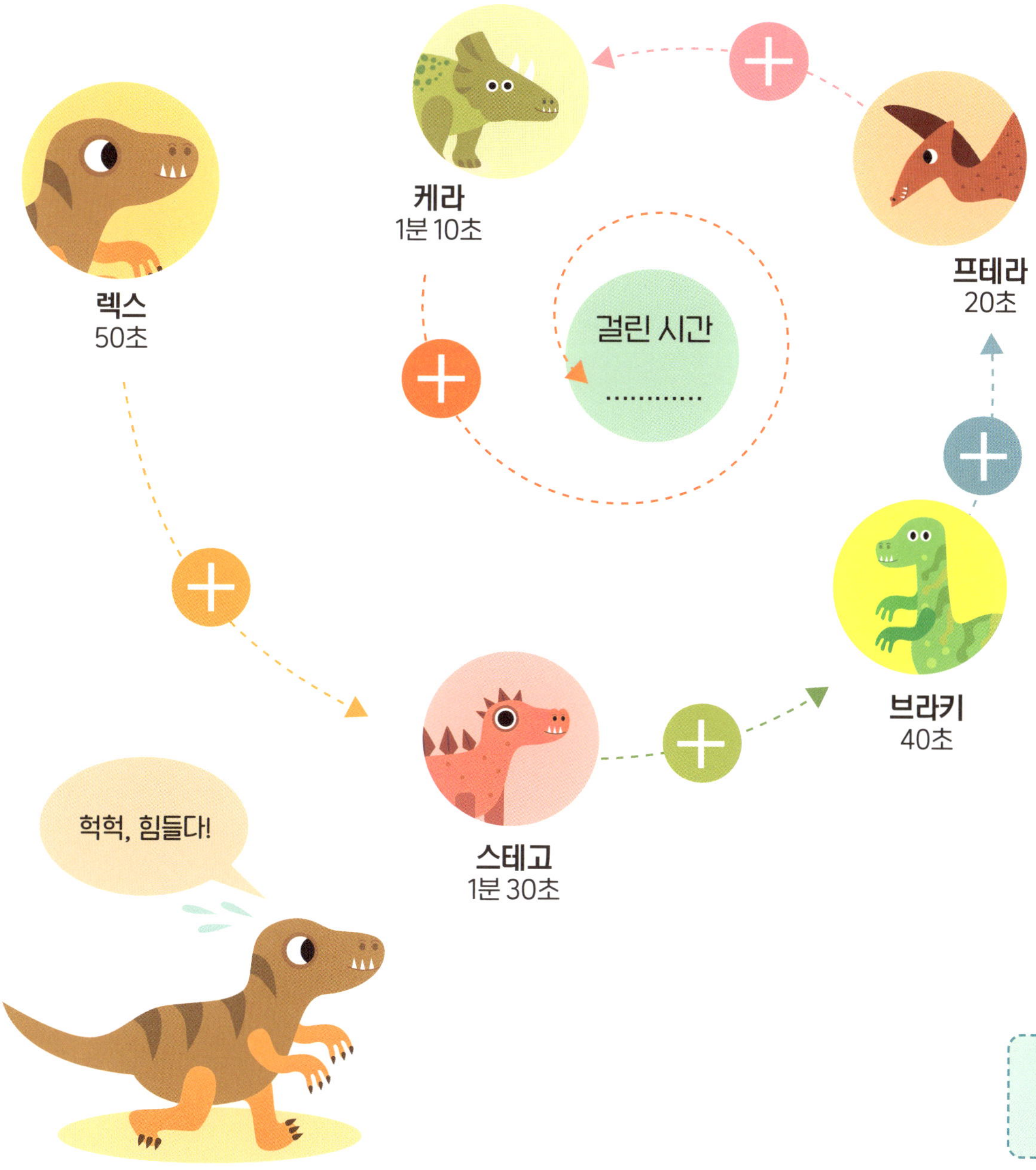

케라
1분 10초

프테라
20초

렉스
50초

걸린 시간
....

브라키
40초

스테고
1분 30초

개념 확인

1분=60초
1시간=60분

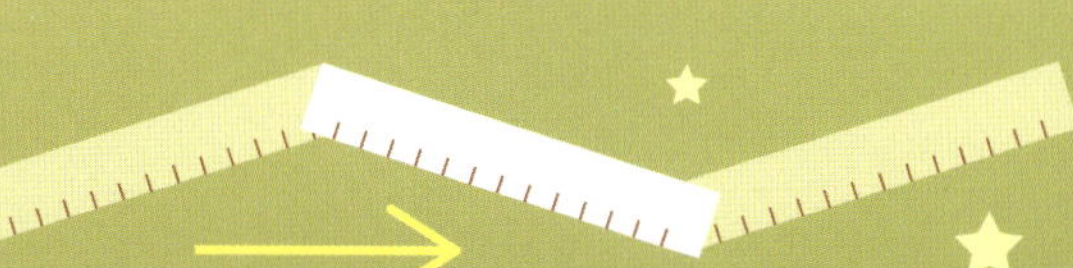

무게의 합 구하기

공룡들의 힘을 보여 줄 차례군요. 아기 공룡이라고 얕보지 마세요.
지금 역도 올림픽을 시작합니다.
공룡들이 들어 올린 무게는 각각 몇 kg일까요?

무거운 것을 많이 들어 올린 순서대로 1 - 2 - 3 등 자리에 공룡 스티커를 붙여 주세요.

알맞은 측정 도구 찾기

책 뒤의 측정 도구 스티커를 떼서 알맞은 자리에 붙여 주세요.

다음 측정 도구가 무엇을 측정하는지 선으로 연결해 주세요.

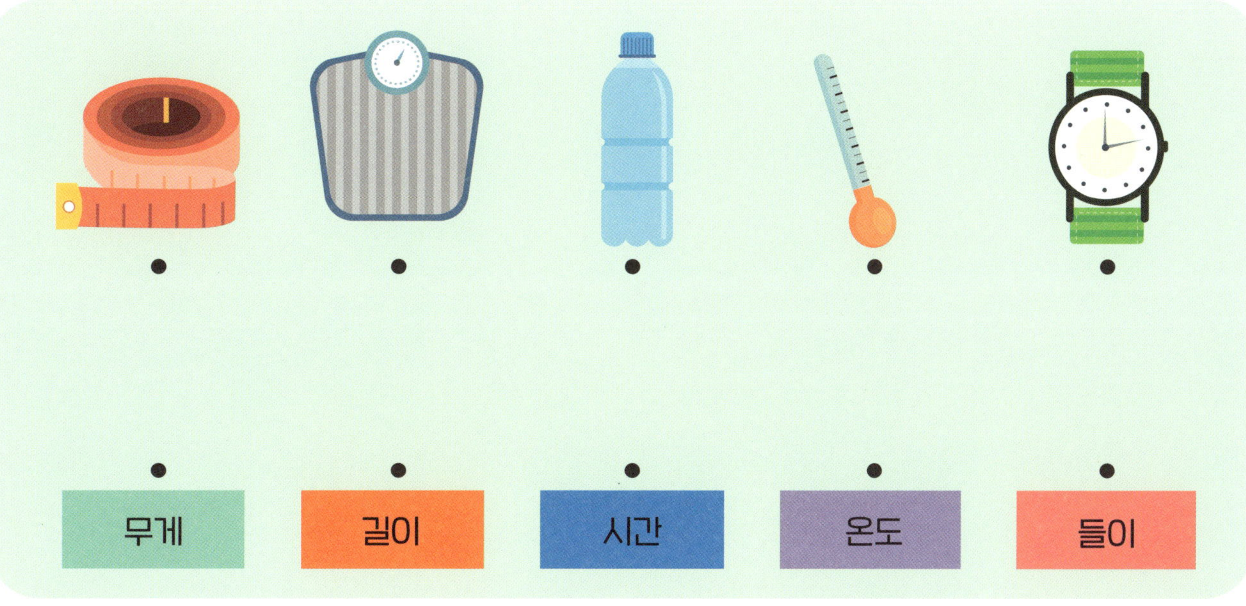

같은 단위끼리 모아 모아

아기 공룡들이 단위를 헷갈리고 있어요!
공룡들이 말하는 단위 중 성질이 다른 측정 단위가 하나씩 섞여 있네요.
그 단위를 찾아서 X를 해 주세요.

도미노 맞추기

빈칸에 알맞은 측정 도구의 단위를 넣어서 길이 이어지게 만들어야 합니다.
책 뒤에서 알맞은 도미노 스티커를 찾아 붙이세요. 단, 도미노를 이을 때는 측정 도구와
관련한 단위를 연결해야 합니다.

<측정 도구>

시간   무게   길이   들이   온도

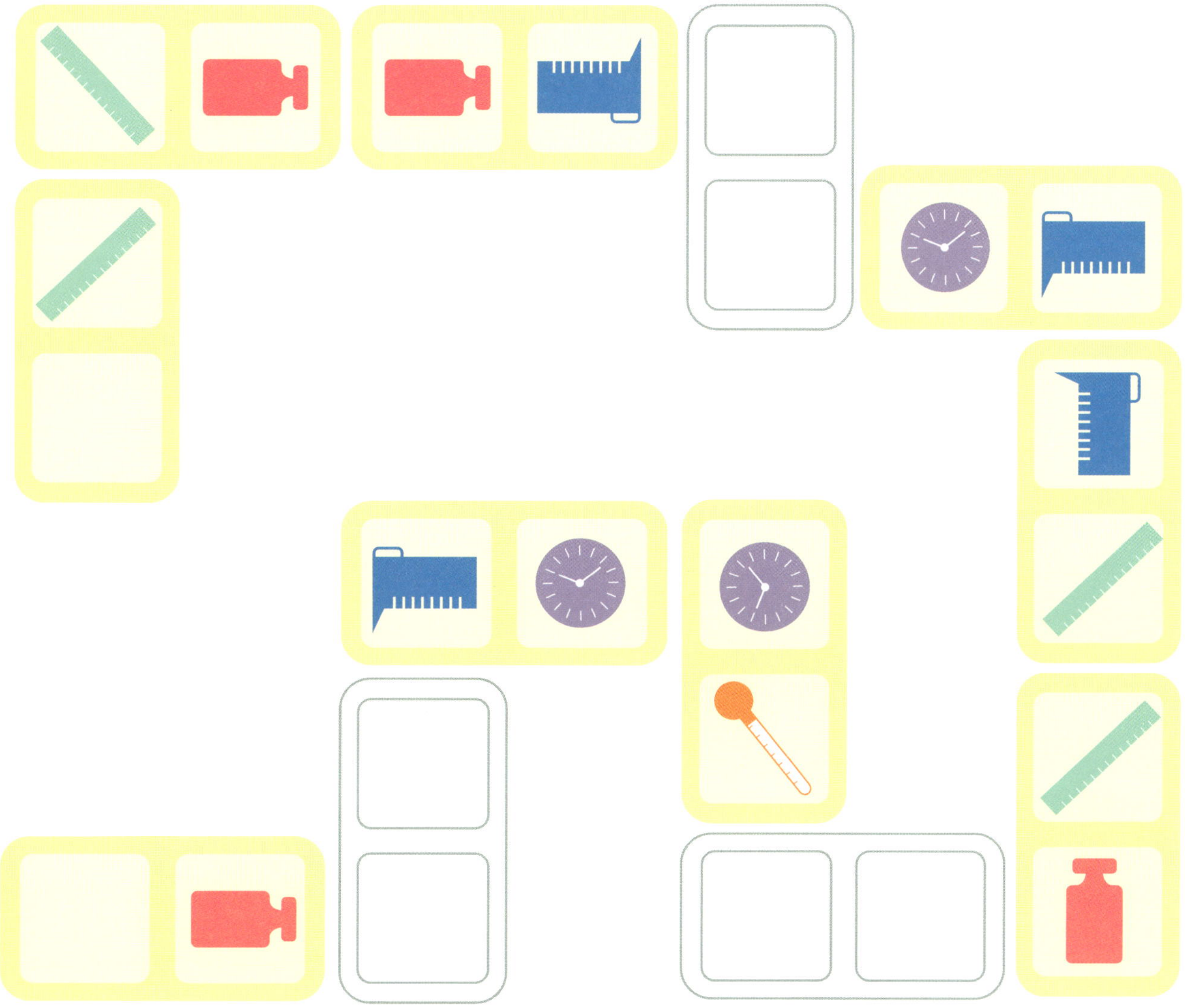

측정에 끝은 없다!

우리가 살펴본 건 아주 기초적인 측정 단위와 도구랍니다.
세상에는 측정해야 할 게 많고, 그에 맞는 다양한
측정 도구가 있어요.

풍속계
바람의 속도를 측정하는 도구

혈압계
혈압을 재는 도구

각도기
각도의 크기를 측정하는 도구

압력계
주로 기체의 압력을
측정하는 도구

속도계
속력을 측정하는 도구

지진계
지진의 세기를 재고
지진파를 기록하는 도구

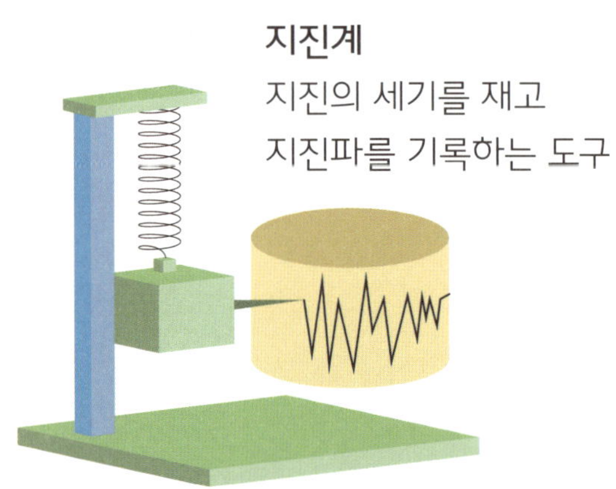

측정 단위에 대해 얼마나 알고 있는지 정리해 보세요.
알맞은 단위에 ○표 하세요.

(1) 무게를 재는 기본 단위는 (g, m)입니다.

(2) 길이를 재는 기본 단위는 (L, m) 입니다.

(3) 온도를 재는 기본 단위는 (℃, mL)입니다.

(4) 들이를 재는 기본 단위는 (kg, L)입니다.

빈칸에 알맞게 써넣으세요.

(5) 1시간은 ______분이고, 1분은 ________초입니다.

(6) 1000g은 ________kg이고, 1000kg은 ________t입니다.

(7) 1km는 ________m이고, 1m는 ________cm이고, 1cm는 ________mm입니다.

(8) 1000mL = ______L

(9) 물은 ____℃에서 얼고, ______℃에서 끓습니다.

(10) 10kg의 소금과 1200g의 설탕 중 더 무거운 것은 ________입니다.

(11) 15000m 걷기 코스와 1km 달리기 코스 중 더 짧은 코스는 ________ 코스입니다.

(12) 과자를 90분 동안 구워야 한다면, 구워야 하는 시간은 총 ____ 시간 ______분입니다.

맞은 개수 [　　　] 개

마지막 게임

이제 아기 공룡배 측정 경진 대회도 막바지입니다!
모두들 집중해서 실력을 맘껏 뽐내 보세요.

1. 주사위와 말을 준비하고, 시작 칸에 말을 둡니다.
2. 참가자들은 번갈아 가며 주사위를 던져 나온 수만큼 이동합니다.
3. 칸에 있는 질문을 읽고 정답을 맞히면 다음 차례에 주사위를 던질 수 있지만,
   정답을 맞히지 못한다면 다음 차례에 주사위를 던질 수 없습니다.
4. 가장 먼저 도착점에 다다른 사람이 이깁니다.

시작

1
1L는 몇 mL일까요?

2
책상의 무게를 나타낼 때, mg과 kg 중 어떤 단위가 더 적당할까요?

3
복권 당첨! 주사위를 한번 더 던지세요.

4
꽝! 목이 말라서 움직일 수가 없어요. 한 차례 쉬세요.

5
지구에서 60kg인 공룡은 달에 가면 몇 kg이 될까요?
*힌트! 지구의 중력은 달의 6배이다.

6
도형의 각도를 재는 도구를 뭐라고 할까요?

7
아파트만큼 큰 공룡의 무게를 나타낼 때! kg보다 큰 단위는 무엇일까요?

8
꽝! 길이 막히네요! 한 차례 쉬세요.

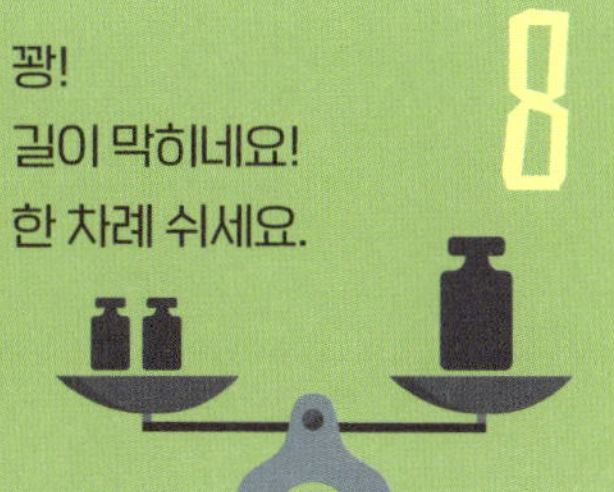

4000mL는 몇 L일까요?

18
10L의 물뿌리개에는 몇 mL의 물을 담을 수 있을까요?

10

19
2분은 몇 초일까요?

20
꽝! 중력이 너무 강해서 나갈 수 없어요. 한 차례 쉬세요.

21
이건 어떤 측정 도구이고, 무엇을 측정할까요?

22
물은 섭씨 몇 도에서 끓을까요?

23
복권 당첨! 주사위를 한 번 더 던지세요.

더 풀어 보기

물건의 길이는 몇 cm인지 알아보세요.

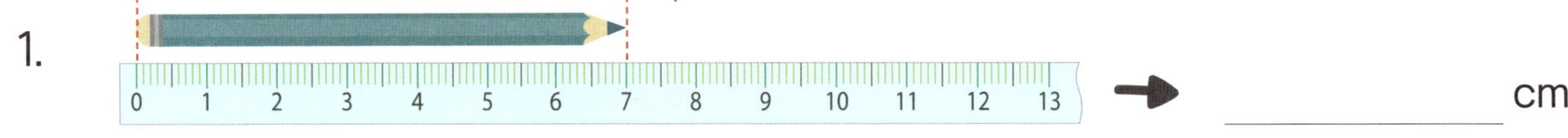

1. ➡ __________ cm

2. ➡ __________ cm

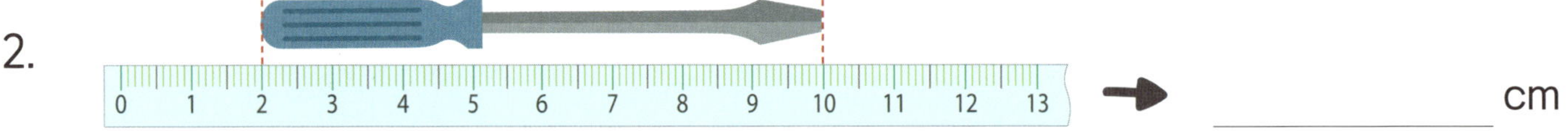

3. ➡ __________ cm

 ☐ 안에 알맞은 수를 써넣으세요.

| 참고 | 1m = 100cm | 1km = 1000m |

4. 3m = ☐ cm

5. 200cm = ☐ m

6. 5m = ☐ cm

7. 700cm = ☐ m

8. 5m 40cm = ☐ cm

9. 490cm = ☐ m ☐ cm

10. 6km = ☐ m

11. 8000m = ☐ km

12. 4km 200m = ☐ m

13. 5600m = ☐ km ☐ m

 두 색 테이프를 이어 붙였습니다. 이은 색 테이프의 길이를 구해 보세요.

14. 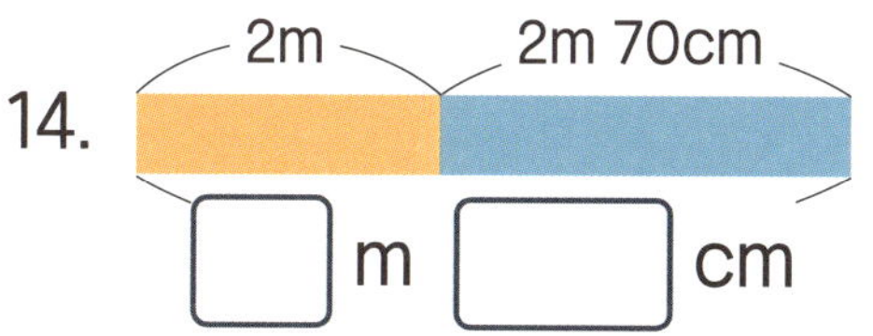

15. 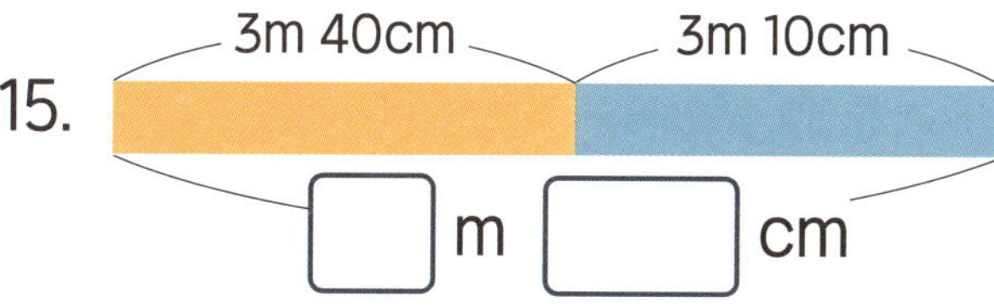

16. 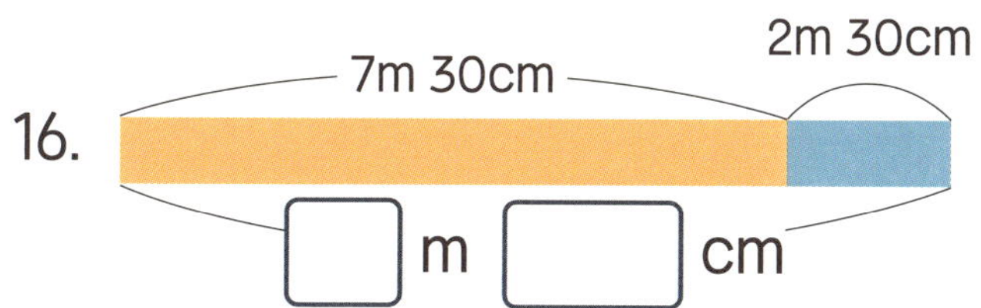

17. 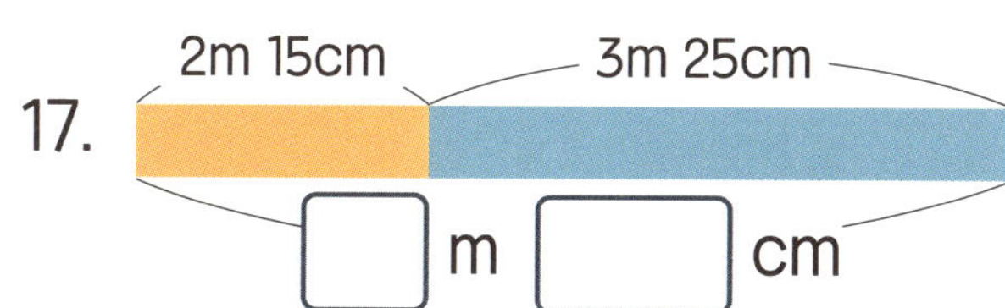

 문제에 맞는 식을 만들어 답을 구해 보세요.

18. 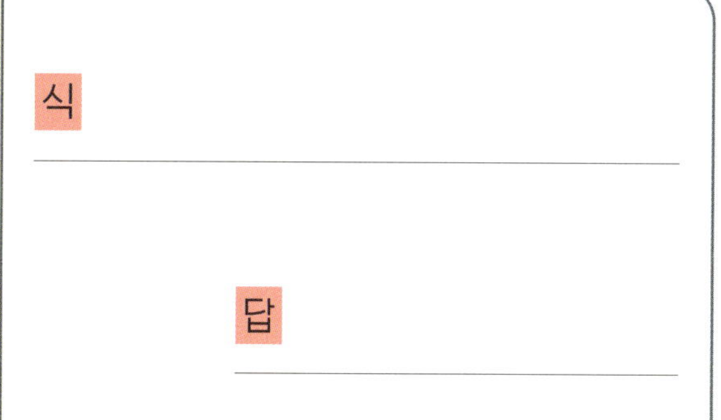

포도 나무의 키는 1m 30cm이고, 사과 나무의 키는 포도 나무보다 60cm 더 큽니다. 사과 나무의 키는 몇 m 몇 cm인가요?

식

답

19. 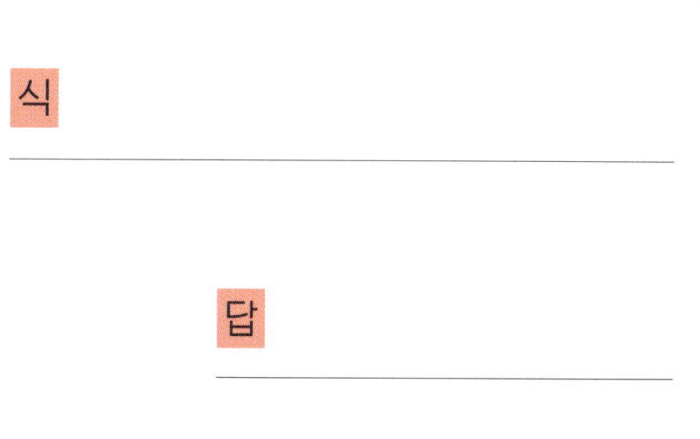

재민이는 2km 600m를 달렸고, 수정이는 3km 200m를 달렸습니다. 두 사람이 달린 거리의 합은 몇 km 몇 m인가요?

식

답

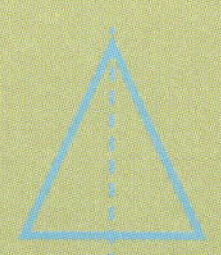  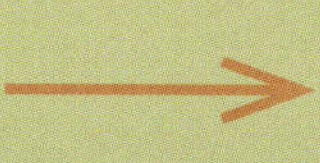   

 연산력 쑥쑥

더 풀어 보기

색 테이프를 두 도막으로 나누려고 합니다. 다른 한 도막의 길이를 구해 보세요.

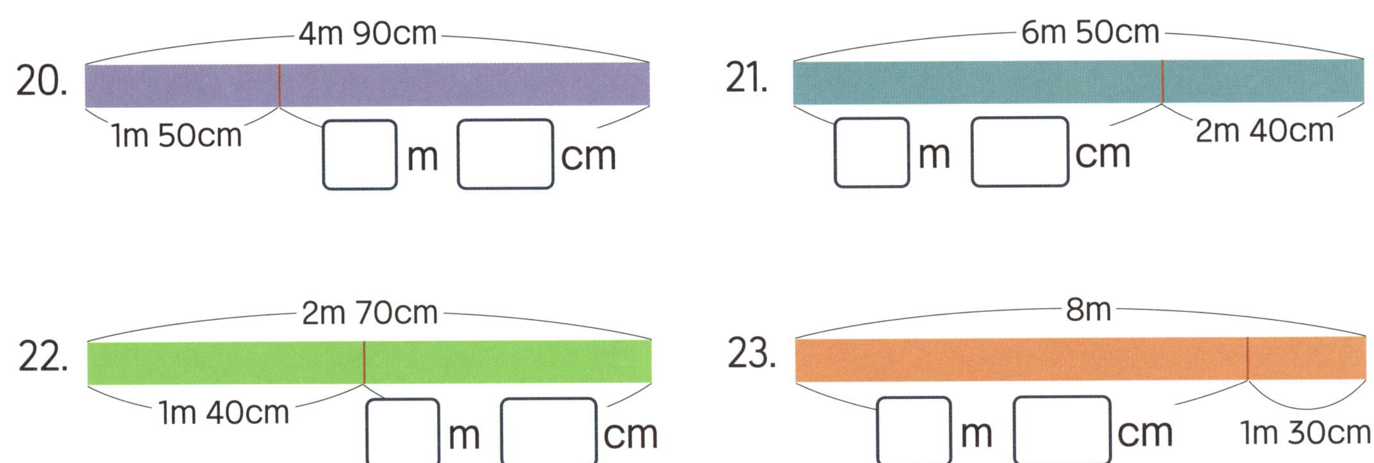

20. 4m 90cm / 1m 50cm → □ m □ cm

21. 6m 50cm / 2m 40cm → □ m □ cm

22. 2m 70cm / 1m 40cm → □ m □ cm

23. 8m / 1m 30cm → □ m □ cm

 문제에 맞는 식을 만들어 답을 구해 보세요.

24. 버스의 길이는 10m 80cm이고, 자동차의 길이는 5m 10cm입니다. 버스는 자동차보다 몇 m 몇 cm 더 긴가요?

식

답

25. 우리나라에서 가장 긴 다리는 인천대교로 11km 856m입니다. 두 번째로 긴 다리는 부산의 광안대교로 7km 420m입니다. 인천대교와 광안대교의 길이의 차는 몇 km 몇 m인가요?

식

답

 시각을 써 보세요.

26. 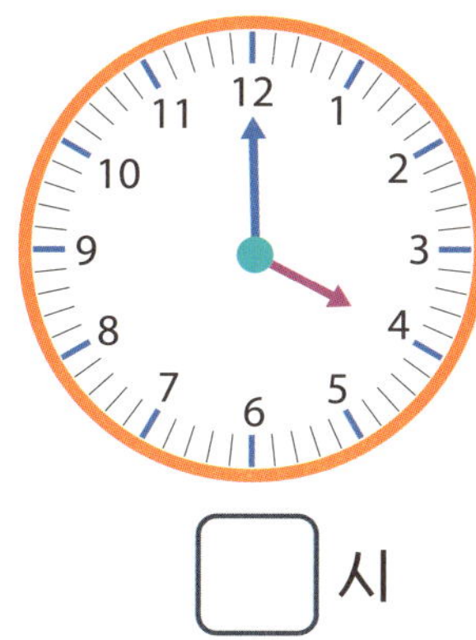

⬜ 시

27. 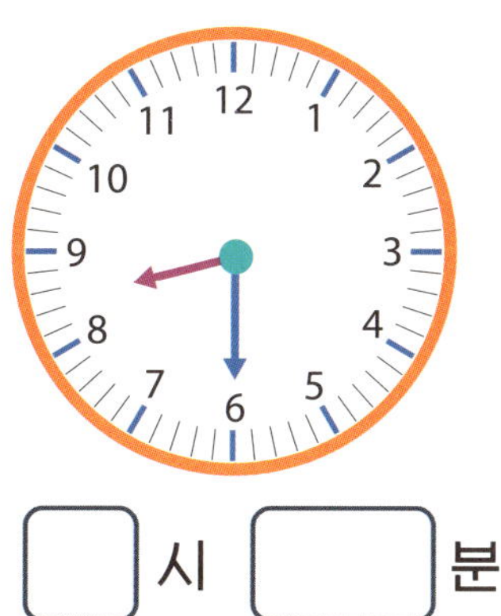

⬜ 시 ⬜ 분

28. 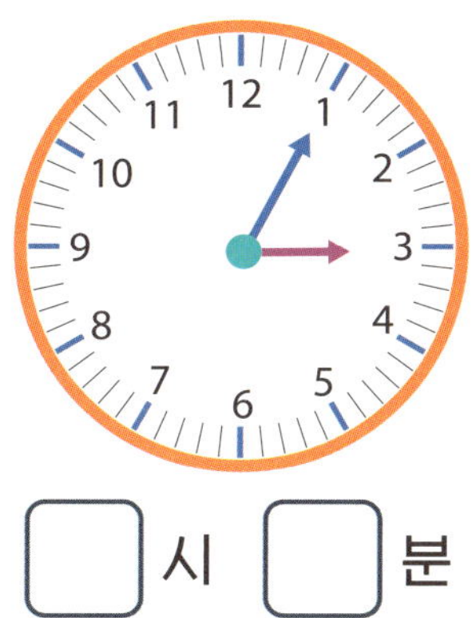

⬜ 시 ⬜ 분

29. 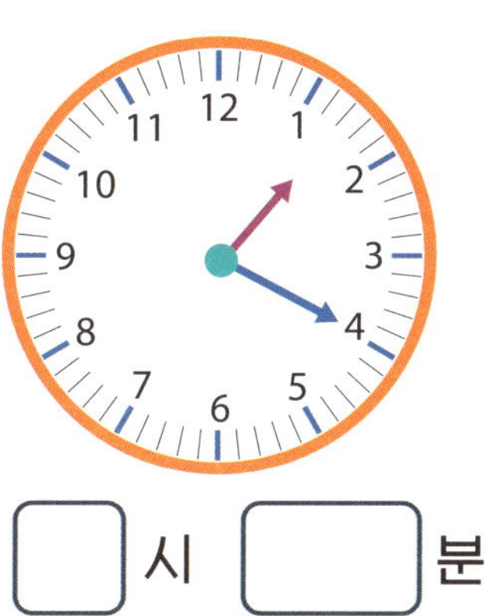

⬜ 시 ⬜ 분

 시각을 두 가지로 써 보세요.

30. 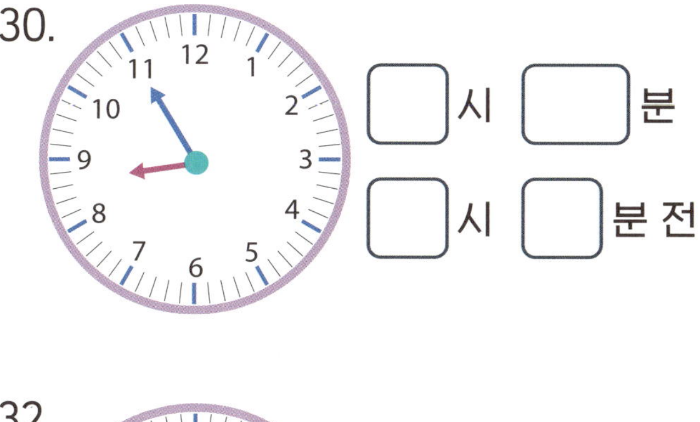

⬜ 시 ⬜ 분
⬜ 시 ⬜ 분 전

31. 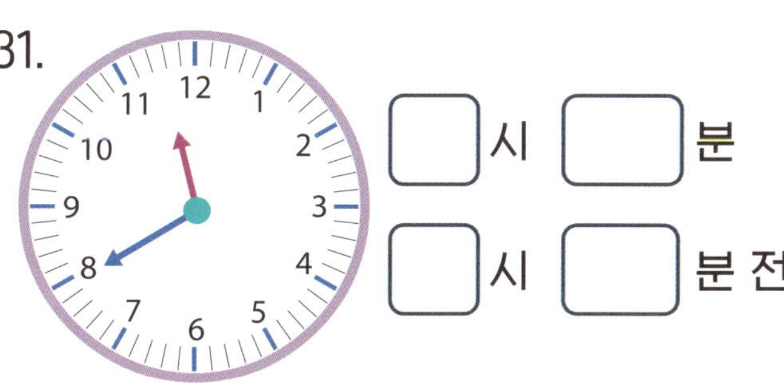

⬜ 시 ⬜ 분
⬜ 시 ⬜ 분 전

32. 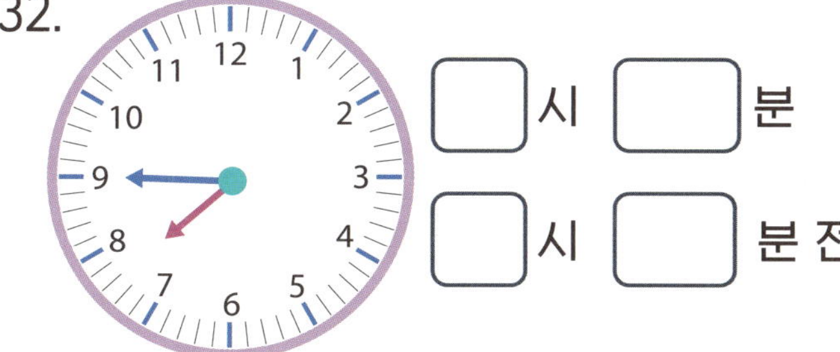

⬜ 시 ⬜ 분
⬜ 시 ⬜ 분 전

33. 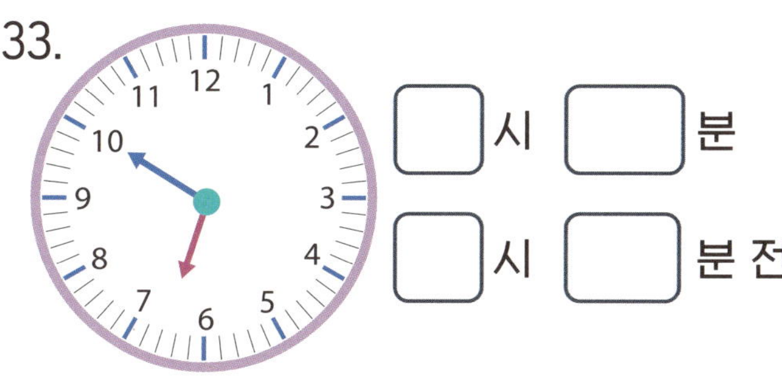

⬜ 시 ⬜ 분
⬜ 시 ⬜ 분 전

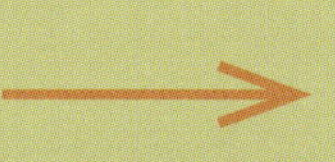

안에 알맞은 수를 써넣으세요.

참고	1시간 = 60분	1분 = 60초

34. 3시간 = ☐ 분

35. 120분 = ☐ 시간

36. 1시간 30분 = ☐ 분

37. 150분 = ☐ 시간 ☐ 분

38. 2분 = ☐ 초

39. 180초 = ☐ 분

40. 1분 20초 = ☐ 초

41. 240초 = ☐ 분

두 시계를 보고 시간이 얼마나 지났는지 구해 보세요.

42.

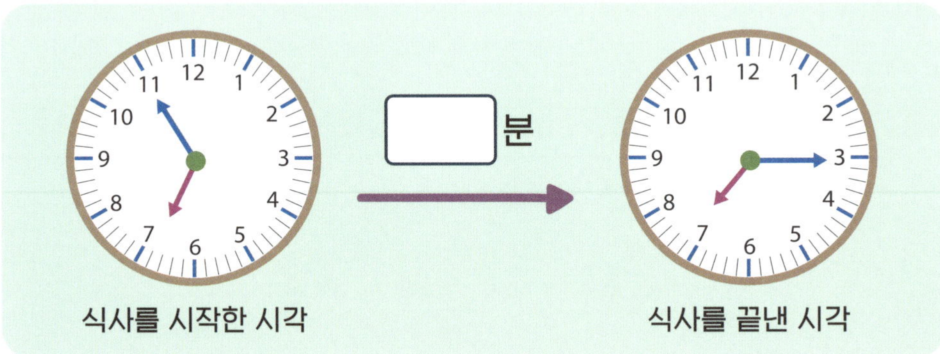

43.

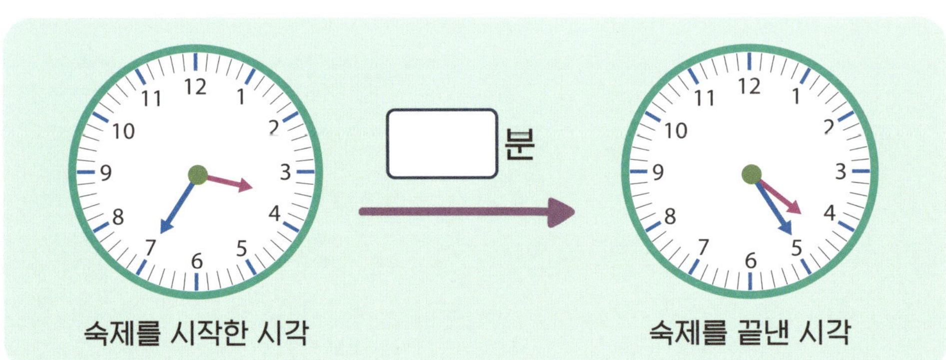

 ◻ 안에 알맞은 수를 써넣으세요.

44. 1일 = ◻ 시간

45. 48시간 = ◻ 일

46. 3일 = ◻ 시간

47. 36시간 = ◻ 일 ◻ 시간

48. 1주일 = ◻ 일

49. 14일 = ◻ 주일

50. 1년 = ◻ 개월

51. 24개월 = ◻ 년

52. 3년 = ◻ 개월

53. 30개월 = ◻ 년 ◻ 개월

 어느 해의 달력을 보고 ◻ 안에 알맞은 수를 써넣으세요.

6월

일	월	화	수	목	금	토
	1	2	3	4	5	6
7	8	9	10	11	12	13

54. 6월은 ◻ 일까지 있고, 같은 요일은 ◻ 일마다 반복됩니다.

55. 6월의 목요일인 날짜는 ◻ 일, ◻ 일, ◻ 일, ◻ 일입니다.

더 풀어 보기

☐ 안에 알맞은 수를 써넣으세요.

> **참고** 1L = 1000mL

56. 2L = ☐ mL

57. 2700mL = ☐ L ☐ mL

58. 3L 400mL = ☐ mL

59. 4850mL = ☐ L ☐ mL

60. 5L 720mL = ☐ mL

61. 8030mL = ☐ L ☐ mL

☐ 안에 알맞은 수를 써넣으세요.

62. 600mL + 900mL = ☐ mL = ☐ L ☐ mL

63. 700mL + 500mL = ☐ mL = ☐ L ☐ mL

64.
```
    3L   400mL
+   2L   300mL
─────────────
   ☐ L   ☐ mL
```

65.
```
    2L   560mL
+   4L   280mL
─────────────
   ☐ L   ☐ mL
```

66.
```
    5L   800mL
−   1L   600mL
─────────────
   ☐ L   ☐ mL
```

67.
```
    4L   900mL
−   3L   700mL
─────────────
   ☐ L   ☐ mL
```

 ☐ 안에 알맞은 수를 써넣으세요.

참고   1kg = 1000g

68. 3kg = ☐ g

69. 1800kg = ☐ kg ☐ g

70. 4kg 750g = ☐ g

71. 2650g = ☐ kg ☐ g

72. 2kg 40g = ☐ g

73. 9080g = ☐ kg ☐ g

 ☐ 안에 알맞은 수를 써넣으세요.

74. 800g + 400g = ☐ g = ☐ kg ☐ g

75. 650g + 750g = ☐ g = ☐ kg ☐ g

76.
$$\begin{array}{r} 1\text{kg} \quad 500\text{g} \\ +\ 2\text{kg} \quad 200\text{g} \\ \hline \square\ \text{kg} \quad \square\ \text{g} \end{array}$$

77.
$$\begin{array}{r} 1\text{kg} \quad 600\text{g} \\ +\ 1\text{kg} \quad 600\text{g} \\ \hline \square\ \text{kg} \quad \square\ \text{g} \end{array}$$

78.
$$\begin{array}{r} 7\text{kg} \quad 700\text{g} \\ -\ 4\text{kg} \quad 500\text{g} \\ \hline \square\ \text{kg} \quad \square\ \text{g} \end{array}$$

79.
$$\begin{array}{r} 8\text{kg} \quad 400\text{g} \\ -\ 6\text{kg} \quad 900\text{g} \\ \hline \square\ \text{kg} \quad \square\ \text{g} \end{array}$$

정답

12~13쪽

18~19쪽

(1) 100+400=500(m)
(2) 50+150=200(m), 320-200=120(m)

20~21쪽

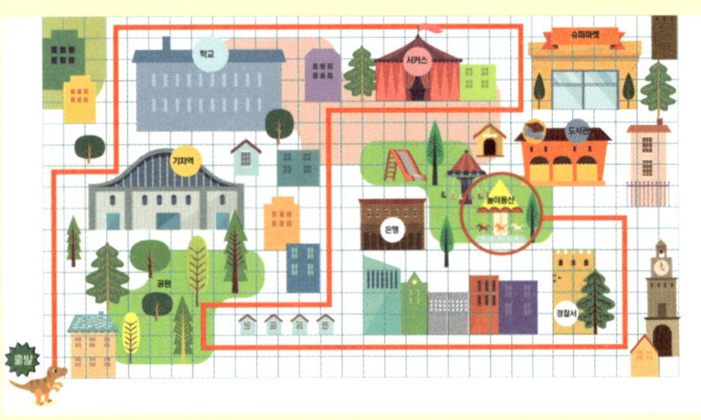

24~25쪽

(1)
예

(2)
예
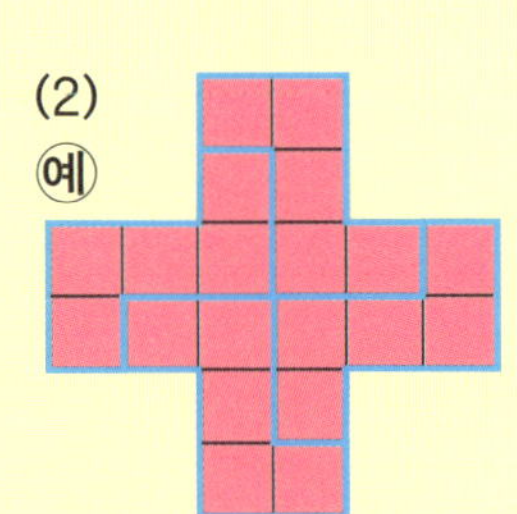

(3)
예

15쪽

(1) 센티미터 (2) 밀리미터 (3) 킬로미터

16~17쪽

(1) 40mm (또는 4cm)
(2) 1km 4m (또는 1004m)
(3) 2km 5m (또는 2005m)
(4) 111mm (5) 65mm (6) 120mm
(7) 95mm (8) 125mm (9)167mm

22~23쪽

6채, 4채

26~27쪽

(1) 고양이
(2) 게
(3) 코끼리
(4) 닭

28쪽

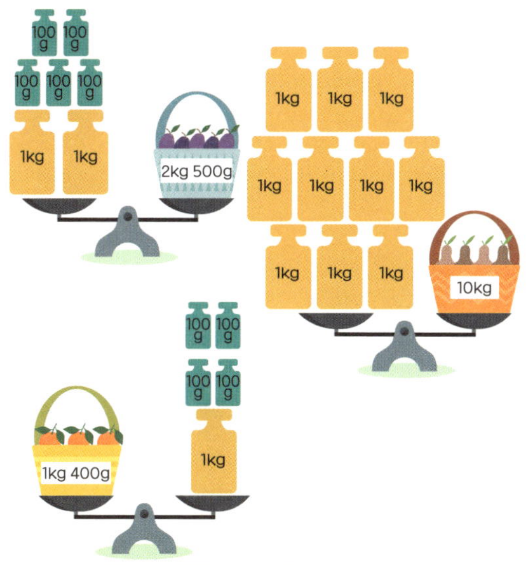

설탕: 4×16=64(g)
버터: 4×8=32(g)
바닐라 오일: 4×2=8(g)
밀가루: 4×16+4×8=96(g)
베이킹파우더: 4(g)
우유: 12×3=36(g)

10컵

(1) 3L (2) 4L (3) 16L

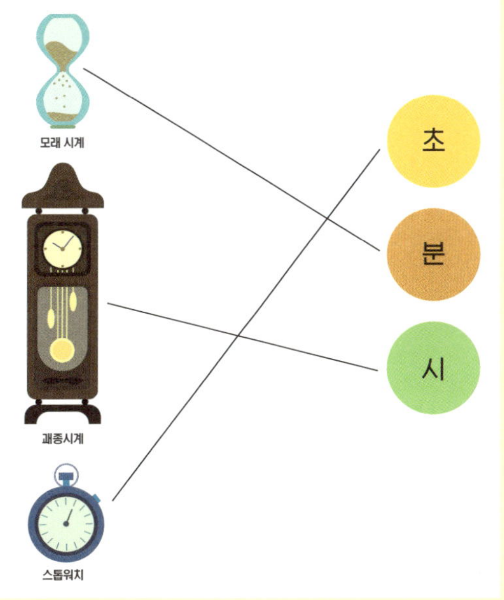

(1) 10시   (2) 1시 35분   (3) 7시 15분

(4) 6시 25분   (5) 2시 50분   (6) 8시 55분

(7)   (8)   (9)

8:20   12:45   6:00

(1) 9시 10분, 25분   (2) 8시 15분, 5시간

(3) 6시 45분, 1시간 30분

(4) 5시 15분

(5) 3시

(6) 1시

냉장실: 41°F=5°C

끓는 물: 212°F=100°C

창밖: 86°F=30°C

오븐: 365°F=185°C

차: 122°F=50°C

800cm=8m, 400cm=4m이므로

(비행한 거리) = 500m + 8m + 2km +

1km 400m + 4m

= 3km 912m

= 3912m

1분 30초 = 60초 + 30초 = 90초

1분 10초 = 60초 + 10초 = 70초

(걸린 시간) = 50초 + 90초 + 40초 + 20초 + 70초

= 270초

1등: 스테고
　　12kg + 7000g = 12kg + 7kg = 19kg

2등: 렉스
　　15kg + 3000g = 15kg + 3kg = 18kg

3등: 브라키
　　16kg + 1000g = 16kg + 1kg = 17kg

49쪽

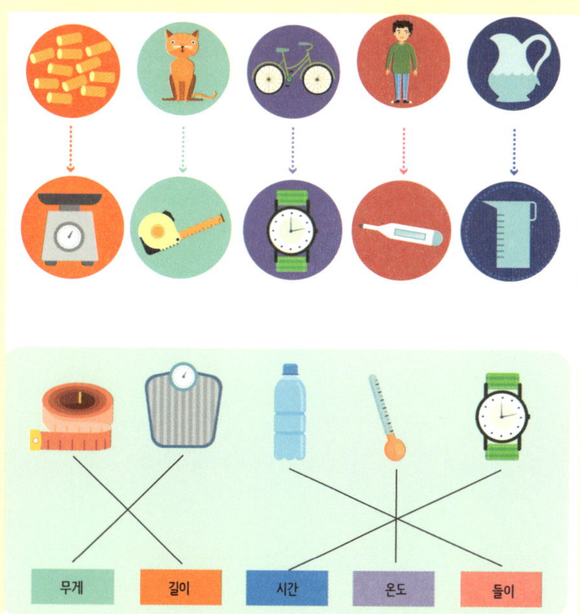

50쪽

렉스: 센티미터(cm)
프테라: 킬로그램(kg)
케라: 리터(L)
브라키: 밀리리터(mL)
스테고: 그램(g)

51쪽

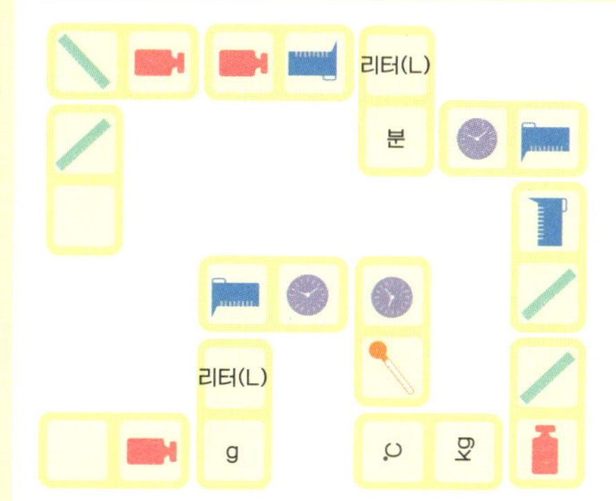

53쪽

(1) g　　　　(2) m　　　　(3) °C
(4) L　　　　(5) 60, 60　　(6) 1, 1
(7) 1000, 100, 10　　(8) 1
(9) 0, 100　　(10) 소금　　(11) 달리기
(12) 1, 30

54~55쪽

(1) 1000mL　　(2) kg　　　　(5) 10kg
(6) 각도기　　(7) t(톤)　　　(9) 4L
(10) 2000g　　(11) 8시 15분　(12) 온도계
(14) 60분　　(15) 30°C　　　(16) 24시간
(18) 10000mL　(19) 120초
(21) 줄자, 길이　(22) 100°C
(25) 15분

더 풀어 보기 정답

56쪽

1. 7 2. 8 3. 12 4. 300 5. 2 6. 500 7. 7
8. 540 9. 4, 90 10. 6000 11. 8 12. 4200 13. 5, 600

57쪽

14. 4, 70 15. 6, 50 16. 9, 60 17. 5, 40
18. 1m 30cm + 60cm, 1m 90cm
19. 2km 600m + 3km 200m, 5km 800m

58쪽

20. 3, 40 21. 4, 10 22. 1, 30 23. 6, 70
24. 10m 80cm − 5m 10cm, 5m 70cm
25. 11km 856m − 7km 420m, 4km 436m

59쪽

26. 4 27. 8, 30 28. 3, 5 29. 1, 20
30. 8, 55 / 9, 5 31. 11, 40 / 12, 20 32. 7, 45 / 8, 15 33. 6, 50 / 7, 10

60쪽

34. 180
35. 2
36. 90
37. 2, 30
38. 120
39. 3
40. 80
41. 4
42. 20
43. 50

61쪽

44. 24
45. 2
46. 72
47. 1, 12
48. 7
49. 2
50. 12
51. 2
52. 36
53. 2, 6
54. 30, 7
55. 4, 11, 18, 25

62쪽

56. 2000
57. 2, 700
58. 3400
59. 4, 850
60. 5720
61. 8, 30
62. 1500, 1, 500
63. 1200, 1, 200
64. 5, 700
65. 6, 840
66. 4, 200
67. 1, 200

63쪽

68. 3000
69. 1, 800
70. 4750
71. 2, 650
72. 2040
73. 9, 80
74. 1200, 1, 200
75. 1400, 1, 400
76. 3, 700
77. 3, 200
78. 3, 200
79. 1, 500

수빠맨과 함께하는 초등 수학 학습 로드맵

쉽고 재미있게 초등 수학 전 과정을 배워 보세요.

초등 수학 교육 과정

수와 연산	도형과 측정
변화와 관계	자료와 가능성

영역	권	권 제목	세부 영역	학습 주제	권장 학년	학습 내용
수와 연산 기본	1	숫자 영웅들의 수학 모험	수와 연산	· 수 · 도형 기초	1학년	· 0에서 9까지 수 익히기 · 여러 가지 선 알기 · 평면도형 개념 알기 · 도형의 안과 밖 깨치기
	2	덧셈 뺄셈 몬스터 왕국	수와 연산	덧셈과 뺄셈 기초	1학년	· 두 자리 수 익히기 · 모양과 크기가 같은 도형 찾기 · 덧셈식과 뺄셈식의 기초
	3	나무마니 마을의 더하기 빼기	수와 연산	덧셈과 뺄셈 심화	1학년	· 세 수의 덧셈식과 뺄셈식 · 100까지 수 익히기 · 좌표 읽기 기초 · 묶어 세기
	4	곱셈구구 나라의 비밀	수와 연산	곱셈과 나눗셈 기초	2학년	· 곱셈구구 · 곱셈식과 나눗셈식 · 복잡한 계산식 쉽게 풀기
	5	사칙연산 바다를 지켜라	수와 연산	사칙연산 기초	2학년	· 연산 규칙 찾기 · 여러 가지 방법으로 복합 사칙연산 하기 · 덧셈과 뺄셈의 관계를 식으로 나타내기
	6	곱셈 공장 수리 작전	수와 연산	사칙연산 심화	2학년 ~ 4학년	· 곱셈·나눗셈 세로식 풀이 · 곱셈의 교환법칙과 결합법칙 · 약수와 배수 · 나눗셈의 몫을 곱셈식으로 구하기

영역	권	권 제목	세부 영역	학습 주제	권장 학년	학습 내용
수와 연산 심화	7	곱셈 나눗셈으로 요리를 뚝딱	수와 연산	· 곱셈과 나눗셈 심화 · 분수 기초	3학년 ~ 5학년	· (몇십)×(몇)을 구하기 · (몇십)÷(몇)을 구하기 · 똑같이 나누기 · 분수로 나타내기 · 단위분수 개념
	8	분수 도둑을 잡아라	수와 연산	분수	3학년 ~ 5학년	· 분자와 분모 · 크기가 같은 분수 만들기 · 분수 크기 비교 · 분수 계산
	9	소수 해적단의 바다 탐험	수와 연산	· 소수 · 백분율	3학년 ~ 6학년	· 소수 개념 · 소수 크기 비교 · 소수 계산 · 백분율 개념과 분수를 백분율로 치환하기
	10	수학 마법의 성에서 규칙 찾기	수와 연산	사고력 연산	2학년 ~ 5학년	· 수 배열 규칙 찾기 · 읽고 이해해서 푸는 문해력 연산 · 연산식으로 암호 풀기 · 연산 미로

영역	권	권 제목	세부 영역	학습 주제	권장 학년	학습 내용
도형과 측정, 변화와 관계, 자료와 가능성	11	공룡을 재는 여러 단위	측정	· 길이 · 들이 · 무게 · 시간	2학년 ~ 3학년	· 길이, 넓이, 무게, 들이의 단위 · 기호를 숫자로 나타내기 · 시간과 시계 읽는 법 · 섭씨 온도와 화씨 온도
	12	규칙 유령이 사는 집	변화와 관계	규칙과 추론	2학년 ~ 4학년	· 수 배열 규칙 추론 · 계산식에서 규칙 추론 · 무늬에서 규칙 추론 · 도형의 배열에서 규칙 추론
	13	도형과 함께 우주 탐험	도형	· 도형 · 공간	3학년 ~ 6학년	· 선의 종류(선분과 직선) · 각과 직각 · 평면도형 · 정다면체 · 대칭이동과 회전이동, 평행이동
	14	숫자와 그래프로 마을을 구하라	자료와 가능성	· 그래프 · 집합	3학년 ~ 6학년	· 표와 그래프 읽기 · 자료 조사와 표, 그래프로 나타내기 · 벤 다이어그램과 집합 · 비례식

기획 | 발레리아 바라티니

Valeria는 베니스의 카 포스카리 대학에서 예술 및 문화 활동의 경제학 및 관리 석사 학위를 취득했으며 로마 트레 대학에서 박물관 교육 표준 석사 학위를 취득했습니다. 교육 및 문화 기획 분야에서 일하고 있으며, 2015년부터 포스포로와 협력하여 과학 보급 및 비공식 교육과 관련된 이벤트 및 활동을 조직해 왔습니다.

글 | 마티아 크리벨리니

볼로냐 대학교에서 컴퓨터 과학 학위를 취득했으며 미국 인디애나 대학교에서 인지 과학을 전공했습니다. 2011년부터 이탈리아 세니갈리아에서 열리는 과학 축제 포스포로의 디렉터를 맡고 있습니다. 또한 NEXT 문화 협회를 통해 이탈리아와 해외에서 과학의 소통과 보급을 위한 활동을 조직하고 계획하는 데 큰 역할을 하고 있습니다.

그림 | 아그네세 바루치

ISIA(최고예술산업연구소)에서 그래픽을 공부했습니다. 2001년부터 일러스트레이터이자 작가로 활동하고 있으며 청소년을 위한 책들을 출판했습니다.

감수 | 송용진

한국을 대표하는 위상수학자입니다. 서울대학교 수학과를 졸업하고 미국 오하이오주립대에서 박사학위를 받았습니다. 오랫동안 영재교육과 수학올림피아드에 대한 일을 해 왔으며 지금은 국제수학올림피아드 선출직 위원(IMO Board Member)으로 활동하고 있습니다. 쓴 책으로 《수학은 우주로 흐른다》, 《영재의 법칙》, 《수학자가 들려주는 진짜 논리 이야기》 등이 있습니다.

WS White Star Kids® is a registered trademark property of White Star s.r.l.
© 2021 White Star s.r.l.
Piazzale Luigi Cadorna, 6
20123 Milan, Italy
www.whitestar.it

Korean translation copyright © 2025 Dasan Books
This Korean translation edition published by arrangement with White Star s.r.l. through LENA Agency, Seoul.
All rights reserved.

프테라   렉스   스테고

브라키   케라

30쪽: 무게를 어림해 봐!

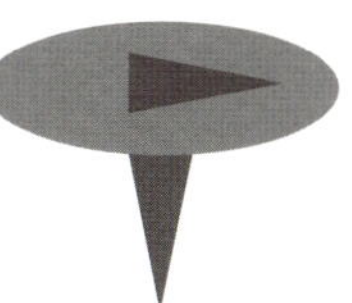

32쪽: 무게를 재어 볼까?

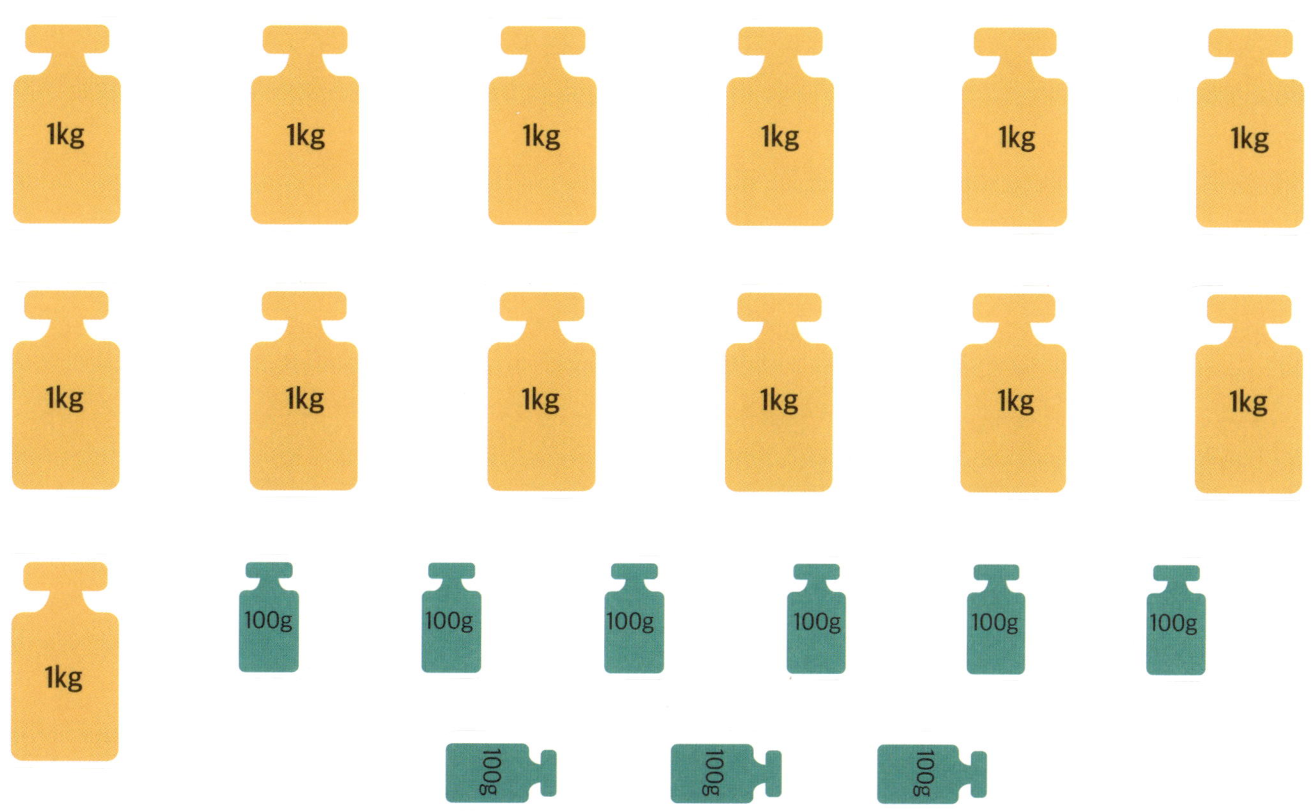
1kg
1kg
1kg
1kg
1kg
1kg
1kg
1kg
1kg
1kg
1kg
1kg
1kg
100g
100g
100g
100g
100g
100g
100g
100g
100g

36쪽: 들이의 단위

100L
50L
1mL
500mL
1L
5mL
1L
1L
500mL

11:05

3:00

7:45

44쪽: 온도

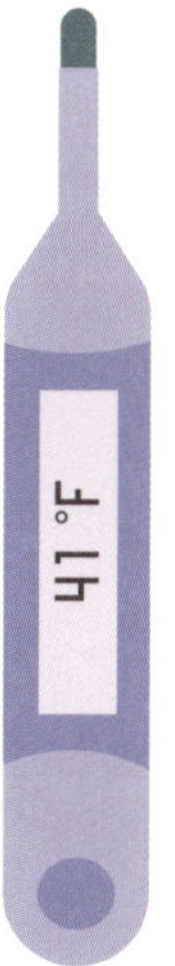

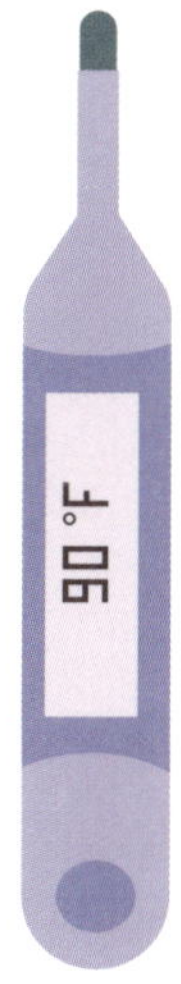

48쪽: 무게의 합 구하기

브라키

스테고

렉스

49쪽: 알맞은 측정 도구 찾기

51쪽: 도미노 맞추기